面向虚拟现实技术能力提升新形态系列教材

虚拟现实引擎
开发项目化教程

主　编　杨祯明　郭　超
副主编　胡　朋　侯丽萍　薛　峰　赖玉佳

U0228119

清华大学出版社
北京

内 容 简 介

本书是按照高职高专虚拟现实技术应用专业人才培养方案的要求,结合"互联网+教育"以及产业学院企业方用人实际需求,在总结近几年教学改革经验的基础上编写而成的。

本书基于虚拟现实开发引擎 Unity 3D 的开发环境,以企业典型项目、案例组织教学内容,采用项目—任务的编排方式,突出"工学结合",同时兼顾了知识的系统性和完整性。本书分别介绍了 3D 场景漫游类虚拟现实项目、第三人称视角计算机端和手机端射击类游戏项目、手机端增强现实 AR 导览类项目和虚拟现实室内装修设计类项目,涵盖 C# 语言基础、Unity 引擎开发环境介绍、游戏对象与组件、物理引擎、灯光材质、语音识别、图像识别、室内场景识别等内容。每个项目都提供了同步实训和拓展实训,以便实现知识的巩固与迁移。为了方便教学,本书提供了所有项目的配套教学资源包。

本书既可作为职业院校、应用型本科院校虚拟现实引擎 Unity 开发课程的教学用书,也可作为培训学校的 Unity 培训用书、教学辅助教材和游戏编程爱好者的自学参考书。

图书在版编目(CIP)数据

虚拟现实引擎开发项目化教程 / 杨祯明,郭超主编 .—北京:清华大学出版社,2024.3 (2025.2重印)
面向虚拟现实技术能力提升新形态系列教材
ISBN 978-7-302-65238-0

Ⅰ.①虚… Ⅱ.①杨…②郭… Ⅲ.①虚拟现实－程序设计－教材 Ⅳ.① TP391.98

中国国家版本馆 CIP 数据核字(2024)第 013990 号

责任编辑:郭丽娜
封面设计:曹 来
责任校对:袁 芳
责任印制:宋 林

出版发行:清华大学出版社
   网 址:https://www.tup.com.cn,https://www.wqxuetang.com
   地 址:北京清华大学学研大厦 A 座   邮 编:100084
   社 总 机:010-83470000   邮 购:010-62786544
   投稿与读者服务:010-62776969, c-service@tup.tsinghua.edu.cn
   质量反馈:010-62772015, zhiliang@tup.tsinghua.edu.cn
   课件下载:https://www.tup.com.cn,010-83470410
印 装 者:三河市铭诚印务有限公司
经 销:全国新华书店
开 本:185mm×260mm 印 张:13.5 字 数:323 千字
版 次:2024 年 3 月第 1 版 印 次:2025 年 2 月第 2 次印刷
定 价:59.00 元

产品编号:098568-01

前　言

习近平总书记在党的二十大报告中指出：“教育、科技、人才是全面建设社会主义现代化国家的基础性、战略性支撑。”“必须坚持科技是第一生产力、人才是第一资源、创新是第一动力，深入实施科教兴国战略、人才强国战略、创新驱动发展战略，这三大战略共同服务于创新型国家的建设。”“职业教育与经济社会发展紧密相连，对促进就业创业、助力经济社会发展、增进人民福祉具有重要意义。”本书为校企合作开发教材，以职业教育“三教改革”教育教学理念为指导，按照高职高专虚拟现实技术应用专业人才培养要求，结合“互联网＋教育”以及产业学院企业用人实际需求，并结合 Unity 企业典型项目展开教学内容。本书注重项目中引入隐性课程思政元素，引导大学生树立正确的价值观，加强爱国主义教育，增强大学生对我国科技创新的自信心，深化对工匠精神的认识。

Unity 是一个跨平台的开发引擎，可用于制作 2D 和 3D 游戏，支持多个平台，包括 PC、移动设备、游戏机和虚拟现实（VR）设备；可用于制作虚拟现实体验，培训模拟和教学工具，帮助用户学习和练习新技能，并支持多种 VR 设备。

本书以项目的方式组织教学内容，兼顾了知识的系统性和完整性。本书共包含 4 个项目，12 个工作任务，49 个知识点。教学项目结合虚拟现实、增强现实、人工智能等技术，是高职学生未来的工作内容，阶梯化的项目设计使学生从一开始就能参与项目的设计与制作，激发学生的学习动力，保持学习兴趣。入门项目校园微缩景观 VR 导览项目，帮助学生熟悉 Unity 界面的各种操作，并了解虚拟现实引擎在未来工作中的使用价值，了解虚拟现实产业现状和人才需求，对于 C# 语言有一个基本的回顾，抓住 Unity 学习入门的关键问题；卡通小镇保卫战游戏开发项目，帮助学生理解 Unity 在游戏开发领域的典型应用，通过项目开发学习最主要的游戏对象和其常用组件，帮助学生树立保家卫国的意识；党史博物馆 AR 项目，帮助学生学习常见的 AR 开发技巧，通过项目实战接触更多中国共产党党史资源，同时帮助学生能够在未来胜任旅游场景、博物馆场景和室内商场 VR/AR 导览项目的开发工作；客厅装修 VR 设计展示项目，帮助学生今后可以胜任 VR 或游戏场景的材质和灯光渲染等工作。本书涵盖 C# 语言基础、Unity 引擎开发环境介绍、游戏对象与组件、物理引擎、灯光材质、语音识别、图像识别、室内场景识别等内容。

本书配套的在线课程部署在“山东外贸职业学院在线教育综合平台”上，读者可以登录网站进行学习。本书提供了 PPT 课件、项目资源包、素材文件等教学资源，读者可以从清华大学出版社网站免费下载。

本书由杨祯明、郭超任主编,胡朋、侯丽萍、薛峰、赖玉佳任副主编,特别感谢慧科教育科技集团有限公司提供的各项支持。

由于编者水平有限,书中难免有疏漏和错误之处,恳请广大读者批评、指正,不吝赐教。

编 者
2024 年 1 月

项目素材 .zip

资源包及脚本参考 .zip

目　录

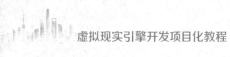

项目1

校园微缩景观VR导览项目

项目描述

工业和信息化部《关于加快推进虚拟现实产业发展的指导意见》中明确指出，引导和支持"VR+"的发展，通过拓展应用场景，检验 VR 技术效果、促进技术迭代，并要积极创造新的 VR 技术需求。VR 技术可以使用户"身临其境"般沉浸在虚拟世界中，感受逼真的视觉、听觉和触觉体验。通过 VR 技术实现各种场景的沉浸式体验是当下比较热门的市场需求，例如旅游景点的沉浸式导览项目、各种展馆的沉浸式导览项目等。这也成了虚拟现实相关企业 VR 交互开发工程师和动漫相关企业场景建模师的主要工作内容。校园是同学们热爱的第二个家，通过对校园沉浸式导览项目的制作，可以为同学们毕业后留下最直接的美好回忆。

本项目要求在熟悉 Unity 开发环境的前提下，导入校园微缩景观区域现有基础模型素材，并在引擎中进行相关调整，按照需求方要求对某个模型进行建模导入操作，并进行材质编辑，最后进行简单的摄影机漫游交互控制。

项目重难点

项目内容	工作任务	建议学时	技 能 点	重 难 点	重要程度
使 用 Unity 实现键盘操控的校园微缩景观区域摄影机导览	任务1.1 初识 Unity 界面环境	4	熟悉 Unity 集成开发环境的安装和基本工具的使用	Unity 在行业中的应用	★★★☆☆
				Unity 安装、项目的新建、代码新建与运行	★★★★☆
				Unity 集成开发环境中的常见面板及菜单	★★★★★
	任务1.2 微缩景观摄影机视角导览	6	使用脚本控制摄影机运动	游戏对象和组件的概念和作用	★★★★★

续表

项目内容	工作任务	建议学时	技 能 点	重 难 点	重要程度
使 用 Unity 实现键盘操控的校园微缩景观区域摄影机导览	任务1.2 微缩景观摄影机视角导览	6	使用脚本控制摄影机运动	使用资源包布置场景	★★★★☆
				父对象和子对象的设置和作用	★★★★☆
				脚本里的常见事件和方法	★★★★★
				条件语句的语法和逻辑意义	★★★★★
	任务1.3 键盘鼠标控制摄影机视角	4	能够键盘控制摄影机位置前后左右移动和鼠标控制摄影机视角角度进行上下左右弧形旋转	控制台输出函数的作用	★★★☆☆
				键盘事件配合条件语句对游戏对象进行运动控制	★★★★★
				鼠标事件对游戏对象进行运动控制	★★★★☆
				碰撞器设置及作用	★★★★☆
				刚体设置及作用	★★★★☆
				材质基本设置	★★★☆☆

任务 1.1　初识 Unity 界面环境

素养目标

（1）建立职业规划，具备人才可持续发展的意识。
（2）培养科技创新，推动经济发展的意识。

技能目标

（1）了解 Unity 的基本功能和应用领域、国内引擎开发相关产业和人才需求现状。
（2）熟悉 Unity 集成开发环境的安装和基本工具的使用。
（3）掌握创建、运行、编译 Unity 项目的方法和步骤。

建议学时

4 学时。

■ 任务要求

在自己的计算机上安装 Unity 开发环境，建议安装 Unity 2019.4 以上版本；对安装完的计算机进行 JDK 和 SDK 的安装；新建项目，并保存场景和项目，从官方市场下载场景模型并导入当前场景；进行摄影机及模型的相关位置调整等操作；导出相关设置，有 EXE 和 APK 两种导出格式。

📚 **知识储备**

知识点1　Unity能实现的功能和主要应用领域

Unity 是一个跨平台的游戏引擎，是制作 2D 和 3D 游戏、模拟和交互体验的工具。它可用于创建以下多种应用。

视频游戏：Unity 广泛用于制作 2D 和 3D 游戏，支持多个平台，包括 PC、移动设备、游戏机和虚拟现实设备。

虚拟现实：Unity 可用于创建虚拟现实体验，培训模拟和教学工具，帮助用户学习和练习新技能，并支持多种 VR 设备。

动画和影视：Unity 可用于制作动画和影视内容，提供强大的图形学和特效工具。

1. Unity 知名游戏介绍

世界各地的开发者已经通过 Unity 取得了巨大的成功，目前市面上比较"火"的几款 Unity 游戏有《王者荣耀》《炉石传说》《纪念碑谷》等。

《王者荣耀》是由腾讯游戏开发并运行的一款运营在 Android、iOS 平台上的 MOBA（multiplayer online battle arena，多人在线竞技）类手机游戏。该游戏是类 Dota 手游，游戏中的玩法以竞技对战为主，玩家可以进行 1V1、3V3、5V5 等多种方式的 PVP（player versus player，玩家对玩家）对战，还可以进入游戏的冒险模式，即 PVE（player versus environment，玩家对战环境）的闯关模式，在满足条件后可以参加游戏排位赛等。

2. Unity 虚拟现实典型应用介绍

Unity 在虚拟现实领域的应用非常多，以下是几个应用比较广泛的领域。

虚拟展览：Unity 可以用于创建逼真的虚拟展览，帮助展会组织者在网上展示他们的展品。它可以让用户以交互的方式浏览展品，并提供多种展示方式，例如 VR 头戴式显示器、平面显示器等。此外，Unity 的 3D 渲染能力可以使虚拟展览变得更加逼真，使参观者有更真实的感觉，如图 1-1-1 所示。

图 1-1-1　虚拟展馆

虚拟旅游：Unity 可以用于创建逼真的虚拟旅游体验，例如可以通过 VR 设备和 Unity 创建逼真的旅游场景。使用 Unity 的优势在于它可以让游客得到更真实的旅游体验，例如可以在虚拟现实中漫步在自然风景中，或者探索历史古迹。Unity 还可以使用虚拟导游，提供更有趣和交互式的旅游体验。

虚拟培训：Unity 可以用于创建虚拟培训课程，通过 Unity 模拟各种情境，让学员学习如何应对不同情况，如图 1-1-2 所示。使用 Unity 的优势在于它可以提供更加真实和生动的培训体验，并提供实时反馈和互动。虚拟培训经常用于军事培训、医疗培训等。

虚拟体验：Unity 可以用于创建各种虚拟体验，例如可以使用 Unity 来创建各种虚拟应用程序。它的优势在于可以提供丰富的图形和逼真的音频效果，从而提供更加生动的虚拟体验，如虚拟购物体验、虚拟空间站体验等。

3. Unity 动画影视典型应用介绍

Unity 在动画影视领域的应用包括以下方面。

动画制作：Unity 可以用来制作各种类型的动画，包括 2D 和 3D 动画。在 Unity 中，用户可以使用 Animator 控制器来创建和编辑动画，可以创建各种不同的动画状态，并通过过渡动画实现动画之间的平滑切换。用户还可以使用 Mecanim 动画系统来制作复杂的动画，包括角色动画、物体动画等，如图 1-1-3 所示。

图 1-1-2　虚拟汽车维修培训

图 1-1-3　Unity 打造的动画短片

影视特效：Unity 可以用来制作各种影视特效，如火焰、烟雾、爆炸等。Unity 中的 Particle System 组件可以方便地创建和编辑各种粒子效果，并且可以通过调整参数和设置动画曲线实现更加复杂的效果。此外，Unity 还支持使用 Shader 来创建各种材质和纹理效果，比如水、雪、草地等。

虚拟摄影棚：Unity 可以用于创建虚拟摄影棚，用于拍摄动画、影视特效等。虚拟摄影棚可以通过使用 Unity 中的场景编辑器来创建，可以添加各种 3D 模型、纹理、粒子效果等，还可以使用虚拟灯光和摄影机来拍摄场景。此外，Unity 还支持使用动态天空盒、雾等效果来增强场景的真实感。

动态广告：Unity 可以用于制作各种动态广告，如产品介绍、宣传片等。通过使用 Unity 的 3D 模型、动画效果和粒子效果等特性，用户可以制作出高质量增强现实的动态广告，并且可以使用 Unity 的跨平台功能将广告发布到各种不同的平台上，如移动设备、PC 等。

知识点2　国内虚拟现实相关产业和人才需求现状

2019 年国家发改委发布的《产业结构调整指导目录》把虚拟现实技术研发与应用纳入"鼓励类"产业。同年教育部出台的《关于职业院校专业人才培养方案制订与实施工作的指导意见》提出，全面提升虚拟现实等现代信息技术在教育教学中的广泛应用。同年教育部宣布在《普通高等学校高等职业教育（专科）专业目录》中设置"虚拟现实应用技术"专业。工业和信息化部等五部门联合印发的《虚拟现实与行业应用融合发展行动计划（2022—2026 年）》提出，提升我国虚拟现实产业核心技术创新能力，加快虚拟现实与行业应用融合发展，构建完善虚拟现实产业创新发展生态。《山东省新旧动能转换重大工程实施规划》中提出，大力发展 VR/AR 产业，丰富内容创作，支持多领域应用。《青岛市国民经济和社会发展第十四个五年规划 2035 年远景目标纲要》提出打造"中国虚拟现实产业之都"。

1. 产业背景

我国虚拟现实产业发展迅速，虚拟现实产品和市场应用不断丰富，华为、字节跳动等企业发布高端虚拟现实头显产品，创维、爱奇艺等企业跨界入局，虚拟现实技术在远程医疗、线上教育等方面发挥了积极作用，在教育、文娱等领域的应用场景不断丰富。虚拟现实作为新一代信息技术的重要前沿方向，是数字经济的重大前瞻领域，将深刻改变人类的生产生活方式。产业发展战略窗口期已然形成。构建虚拟现实新发展格局，不仅可以顺应新一轮科技产业革命和数字经济发展趋势，而且能为制造强国、网络强国、文化强国和数字中国建设提供有力支撑，不断满足人民群众对美好生活的需要。

2. 人才需求现状

当前我国虚拟现实技术人才相当短缺，现有的技术人员主要从游戏、动漫、3D 仿真、模型等行业转型而来，与行业结合的复合型高级人才储备明显不足，无法有效满足产业快速发展的需要。虚拟现实复合型人才严重匮乏、人才培养机制不足、产业"造血"能力薄弱等问题突出。业内人士认为，虚拟现实专业人才建设亟待政府、产业界和高校的联合培养，人才培育机制需要创新。

知识点3 Unity集成开发环境安装、配置及常用工具

Unity 集成开发环境安装、配置及常用工具 .mp4

1. Unity Hub

安装 Unity 集成开发环境（integrated development environment，IDE）的步骤如下。

（1）下载 Unity Hub：前往官方网站下载 Unity Hub 安装程序。

（2）安装 Unity Hub：双击下载的 Unity Hub 安装程序并遵循安装向导的指示进行安装。

（3）启动 Unity Hub：安装完成后，启动 Unity Hub 并登录账户。

 注 意

如果需要使用某些特定功能，还需要安装对应的插件或模块。因此，建议读者仔细阅读官方文档，了解安装步骤的细节。

2. 开发界面简介

1）导航窗口

运行 Unity Hub 应用程序，打开导航窗口，如图 1-1-4 所示。下面介绍导航窗口的几个选项功能。

（1）项目（Project）：通过该选项可以查看近期打开和创建的项目工程，直接单击右侧具体的项目就可以打开相应版本的 Unity 编辑器。

（2）学习（Learn）：该选项里包含了 Unity 的一些介绍、案例、教程、资源等。

（3）新项目（New）：新建 Unity 项目。

（4）打开（Open）：打开已有的项目。

（5）账号（My Account）：账号登录管理，如图1-1-5所示。

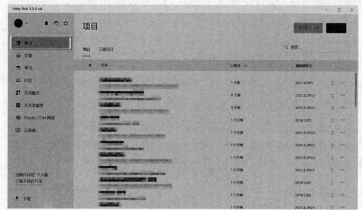

图 1-1-4　Unity Hub 导航窗口　　　　图 1-1-5　Unity Hub 账号登录管理界面

2）界面布局

Unity 集成开发环境由若干个窗口组成，如图 1-1-6 所示，这些窗口统称为视图，每个视图有特定的功能，下面简单介绍各个视图的功能。

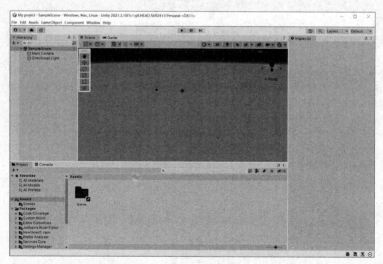

图 1-1-6　Unity 集成开发环境

（1）场景视图（Scene View）：用于设置场景以及放置游戏对象，是构造游戏场景的地方。可以通过该窗口对场景中的对象进行操作（如位置、旋转、缩放等）。

（2）游戏视图（Game View）：由场景中相机渲染呈现的画面，是玩家最终看到的游戏画面，可以调整游戏视图的分辨率，来查看画面在不同分辨率下屏幕的效果。

（3）层级视图（Hierarchy View）：用于显示当前场景中所有游戏对象的层级关系。

（4）项目视图（Project View）：整个工程中所有可用的资源，如模型、音效、单击

UI 贴图等，从外部导入的资源都是放在项目视图下。

（5）检视视图（Inspector View）：用于显示当前所选的游戏对象的属性和信息，不同的游戏对象会有不同的组件信息。

（6）控制台视图（Console View）：用于输出项目中的一些错误、警告信息，以及开发者在代码中打印的标识信息。

3）工具栏

Unity 的工具栏在菜单栏的下面，主要由五部分组成：变换工具（Transform Tools）、变换辅助工具（Transform Gizmo Tools）、播放控制（Play）、分层下拉菜单（Layers）和布局下拉菜单（Layout），如图 1-1-7 所示。

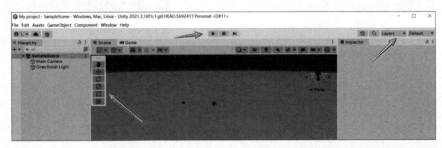

图 1-1-7　Unity 工具栏

（1）变换工具（Transform Tools）。

变换工具主要是针对场景编组窗口，用来对场景中的对象进行操作，从上到下分别是手形工具（Hand）、移动工具（Translate）、旋转工具（Rotate）、缩放工具（Scale）和矩形变换工具（Rect）等，如图 1-1-8 所示。

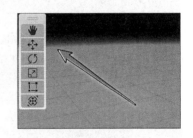

图 1-1-8　变换工具

- 手形工具（Hand）：快捷键为 Q。选中手形工具，在场景中按住鼠标左键可以拖曳整个场景视角；按住 Alt 键，再通过按住鼠标左键可以旋转场景视角；按住 Alt 键，通过鼠标右键可以缩放场景视角。鼠标滚轮也可以实现该效果。
- 移动工具（Translate）：快捷键为 W。选中移动工具，在场景中选择一个物体，会出现红、绿、蓝 3 个轴，分别代表坐标轴 X、Y、Z 方向，按住指定轴可以拖曳物体，改变物体的位置。
- 旋转工具（Rotate）：快捷键为 E。选中旋转工具，会出现一个球形，有红、绿、蓝 3 个轴，用来控制物体在 X、Y、Z 三个方向上的旋转。
- 缩放工具（Scale）：快捷键为 R。用于缩放场景中的对象，有红、绿、蓝 3 个轴，用来控制 3 个方向上的缩放，中间有一个白色方块，用来等比例缩放对象。
- 矩形变换工具（Rect Transform）：快捷键为 T。用于对 2D 对象的缩放、UI 界面使用等。

（2）变换辅助工具（Transform Gizmo Tools）。

Center 和 Pivot：显示游戏对象的轴心参考点。Center 是以所有选中物体所组成的轴心作为游戏对象的参考点，Pivot 是以最后一个选中的游戏对象的轴心作为参考点，如图 1-1-9 所示。

Global 和 Local：显示物体的坐标。Global 表示使用世界坐标系；Local 表示使用对象自身的坐标系，如图 1-1-10 所示。

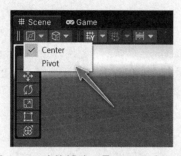

图 1-1-9　变换辅助工具 Center 和 Pivot

图 1-1-10　变换辅助工具 Global 和 Local

（3）播放控制（Play）。

播放控制如图 1-1-11 所示，从左到右分别是播放（运行）、暂停和下一帧，方便开发者进行调试。

（4）分层下拉菜单（Layers）。

Layers 下拉菜单如图 1-1-12 所示，该工具用来控制游戏对象在场景中的显示，所有场景中的对象都是可以分层的，默认是 Default 层，在这里可以选择场景中显示哪些层的对象。

（5）布局下拉菜单（Layout）。

Default 下拉菜单如图 1-1-12 所示，用于开发者选择页面布局或者自定义编辑窗口各个视图的布局。

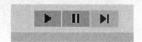

图 1-1-11　播放控制

图 1-1-12　分层和布局

4）菜单栏

菜单栏集成了 Unity 的所有功能。包括文件（File）、编辑（Edit）、资源（Assets）、游戏对象（GameObject）、组件（Component）、窗口（Window）和帮助（Help）等几部分。通过菜单栏可以对 Unity 各项功能有一个直观、清晰的了解。

（1）文件（File）菜单。

主要用于工程与场景的创建、保存和打开以及游戏的发布等，如图 1-1-13 所示。

（2）编辑（Edit）菜单。

主要用来实现场景内部的相应编辑设置，如图 1-1-14 所示。

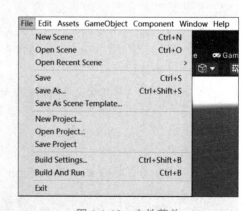

图 1-1-13　文件菜单

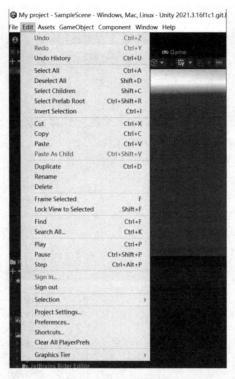

图 1-1-14 编辑菜单

（3）资源（Assets）菜单。

提供了针对游戏资源管理的相关工具，通过 Assets 菜单可以创建资源文件，如材质、脚本等，还可以导入外部的 Unity 资源包，导出项目中的资源、场景等，如图 1-1-15 所示。

（4）游戏对象（GameObject）菜单。

主要用于创建游戏对象，如三维对象、灯光、粒子、模型、UI 等。使用此菜单，可以更好地实现场景内部的管理与设计，如图 1-1-16 所示。

图 1-1-15 资源菜单

图 1-1-16 游戏对象菜单

（5）组件（Component）菜单。

可以实现游戏对象的特定属性，本质上每个组件是一个类的实例，在此菜单中，Unity 为用户提供了多种常用的组件资源，如跟物理引擎相关的组件、导航组件、音频组件等，如图 1-1-17 所示。

（6）窗口（Window）菜单。

用于控制编辑器的界面布局，可以打开其他一些功能窗口，如性能分析窗口、控制台窗口、动画控制器窗口等，如图 1-1-18 所示。

图 1-1-17 组件菜单　　　　　　　　图 1-1-18 窗口菜单

5）常用工作视图

熟悉并掌握各种视图操作是学习 Unity 的基础，下面介绍 Unity 常用工作视图的界面布局及其相关操作。

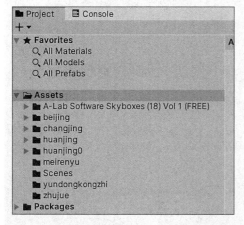

图 1-1-19 项目视图

（1）项目视图。

项目视图是 Unity 整个项目工程的资源汇总，保存了游戏场景中用到的脚本、材质、字体、贴图、外部导入的网格模型等资源文件。在 Project 视图中，左侧面板用来显示该工程的文件夹层级结构，如图 1-1-19 所示。当某个文件夹被选中后，会在面板中显示该文件夹中所包含的资源内容。各种不同的资源类型都有相应的图标来标识，方便用户识别。

每个 Unity 项目文件夹都会包含一个 Assets 文件夹，Assets 文件夹用来存放用户所创建的对象和导入的资源，并且这些资源是以文件夹的方式来组织的，用户可以直接将资源拖入 Project 视图中或是依次使用菜单栏的 Assets Import New Assets 命令将资源导入。

（2）场景视图。

场景视图是场景编辑窗口，如图 1-1-20 所示。用户可以在该窗口编辑游戏场景，直接把资源拖曳到场景里，利用场景视图上的工具栏对场景里的对象进行拖曳、旋转、缩放等操作。场景视图有一些基本的操作：按住鼠标右键移动鼠标光标来旋转场景视角；滚动鼠标滚轮来拉近或拉远场景视角；按住鼠标左键移动鼠标光标来移动整个场景视角。

图 1-1-20　场景视图

（3）游戏视图。

游戏视图是玩家最终看到的画面，也是游戏最终渲染的画面。如图 1-1-21 所示，游戏视图显示的内容是由场景里的摄影机看到的内容决定的。若场景里有多个摄影机，也可以实现多个画面的叠加。使用该视图左上角的 Free Aspect 下拉菜单可以调整分辨率，方便开发者观察在不同屏幕分辨率下游戏画面的显示情况。

图 1-1-21　游戏视图

（4）检视视图。

检视视图又称属性面板，可以理解为对象的属性窗口，该视图显示的是对象的详细信息和属性设置，包括名称、位置信息、旋转信息和其他一些组件的详细信息。用户可以在检视视图查看和修改某个游戏对象的详细信息，如图1-1-22所示。

（5）层级视图。

层级视图包括在当前游戏场景的所有游戏对象（GameObject）。比如3D模型的直接实例、预制体（Prefabs）、自定义对象的实例，这些便是游戏的组成部分。可以通过在层级面板中选择和拖曳一个对象到另一个对象上来创建父子级。在场景中添加和删除对象时，它们会在层级面板中出现或消失。该视图可用于管理场景里的游戏对象，如图1-1-23所示。

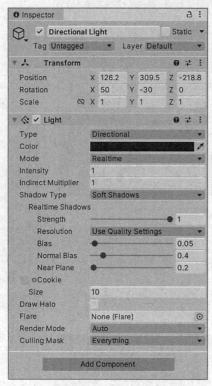

图1-1-22　检视视图

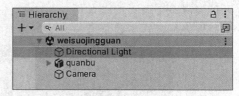

图1-1-23　层级视图

（6）控制台视图。

控制台视图是Unity调试用的显示窗口，项目中的任何错误、消息和警告，Unity都会在该视图中显示出来，无论是资源问题还是代码问题，都会明确标出是哪个资源哪行代码出错了，以方便开发者查错。开发者在写代码时，也可以自己在代码里输出日志（Log），方便调试。用户可以依次选择菜单栏中的Window→Console或者按Ctrl+Shift+C组合键来打开该视图，如图1-1-24所示。

（7）动画视图。

动画视图是用来编辑游戏对象的动画剪辑（Animation Clips），用户可以先选中要

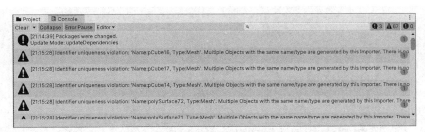

图 1-1-24 控制台视图

编辑的对象，然后按 Ctrl+6 组合键或者选择菜单栏中的 Window → Animation 命令来打开动画视图，如图 1-1-25 所示。

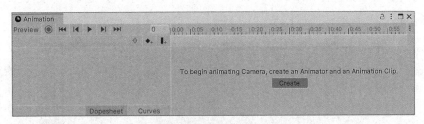

图 1-1-25 动画视图

（8）动画控制器（Animator）视图。

动画控制器视图可以用来预览和设置角色行为，用户可以在该窗口制作动画状态机、设置动画间的过渡等，如图 1-1-26 所示。

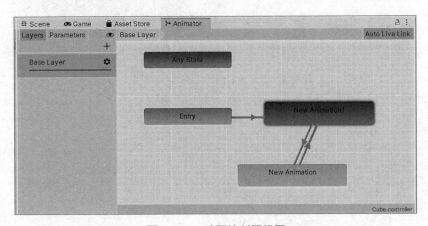

图 1-1-26 动画控制器视图

 任务实施

步骤 1 官网下载并安装所需版本的 Unity 软件

（1）访问 Unity 官网，如图 1-1-27 所示，单击 Download for Windows 按钮，下载并安装 UnityHubSetup.exe。

安装及注册、
使用 Unity.
mp4

图 1-1-27　官网下载 UnityHub 安装包

（2）打开已安装好的 Unity Hub。如图 1-1-28 所示，首次安装需要单击 Create account 创建 Unity ID。

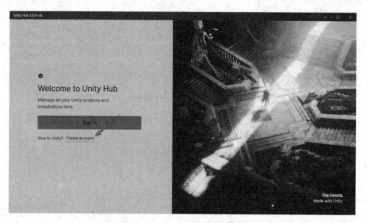

图 1-1-28　注册入口页面

（3）如图 1-1-29 所示，填写 Create a Unity ID 相关个人信息后进行注册。个人版为免费的，可使用手机号和微信号进行注册，以方便后期登录。

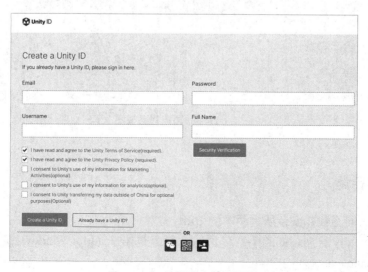

图 1-1-29　注册信息填写页面

（4）如果已经注册过账号，单击图 1-1-28 中的 Sign in 按钮，利用手机验证码或者通过邮箱验证进行登录，如图 1-1-30 所示。

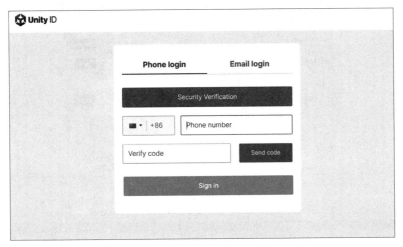

图 1-1-30 手机或邮箱登录页面

（5）登录成功后，在 Unity Hub 中单击 Installs 选项卡中的 Install Editor 按钮，如图 1-1-31 所示。

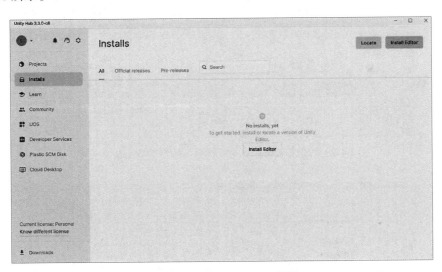

图 1-1-31 Install Editor 界面

（6）在弹出的页面中，选择要安装的 Unity 版本，单击右侧相应的 Install 按钮，如图 1-1-32 所示，这里推荐 Unity 2021.3.16f1c1 版本进行安装。

（7）勾选如图 1-1-33 所示选项，并单击 Continue 按钮。其中 Microsoft Visual Studio Community 2019 为 Unity 代码编辑器，如果本机已经安装 Visual Studio 2017 以上版本，那么无须选择此项安装；Android Build Support 用来支持制作完成的项目导出安卓手机 APK 安装包；如图 1-1-34 所示，WebGL Build Support 用来支持导出可以在网页浏览的项目；Windows Build Support 用来支持导出 EXE 可执行程序。

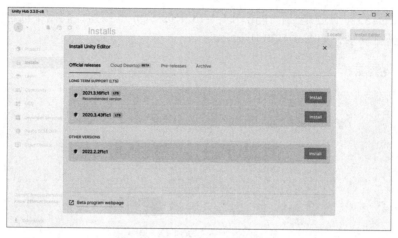

图 1-1-32　Unity 安装版本选择

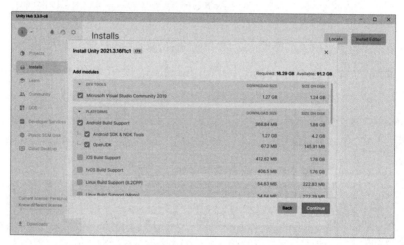

图 1-1-33　勾选 Visual Studio 代码编辑器和安卓应用支持

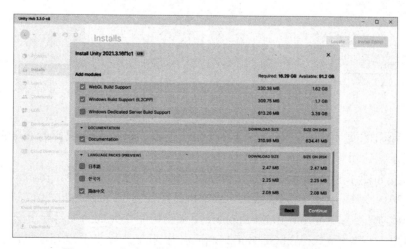

图 1-1-34　勾选 WebGL 支持和 Windows 应用程序支持

（8）遵循安装向导的指示完成安装后即可单击桌面上的 Unity Hub 快捷方式，开始使用 Unity 集成开发环境，如图 1-1-35 所示。

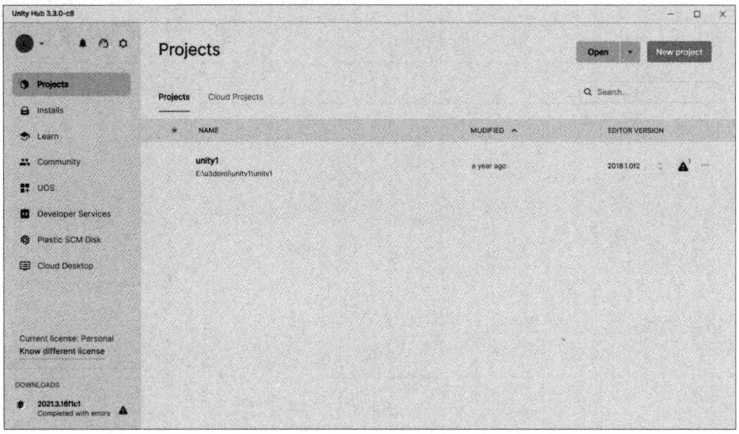

图 1-1-35　安装完 Unity 编辑器的 Unity Hub 英文版界面

步骤 2　创建项目和场景

（1）启动 Unity Hub 应用程序，单击“新项目”按钮，如图 1-1-36 所示，由于安装时勾选了“简体中文”，因此 Unity Hub 为中文界面。随着 Unity Hub 的不断更新升级，界面会有所变化。

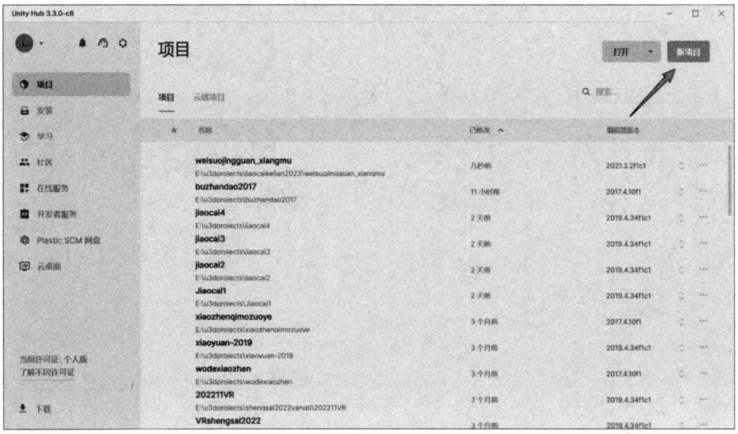

图 1-1-36　Unity Hub 中文版界面

（2）更改图 1-1-37 所示的“项目名称”，选择项目的存储路径，单击“创建项目”（Create project）按钮。

注意

项目名称和存储路径中不要有中文出现，虽然 Unity 2019 版以后对中文的支持有所加强，但在工作中仍然会出现与中文字符不兼容的现象，而且在大多数企业里依然使用英文。

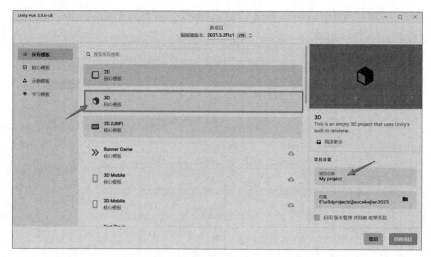

图 1-1-37　Unity "新项目" 界面

（3）创建项目后，Unity 生成一个空的场景，里面包含一个主摄影机和一束平行光，这些在层级（Hierarchy）视图中可以看到，如图 1-1-38 所示。

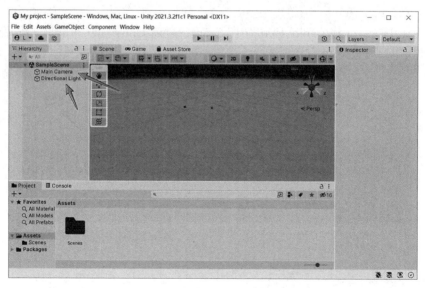

图 1-1-38　Unity 项目空场景

（4）在层级（Hierarchy）视图中右击，选择快捷菜单中的 3D Object → Plane 命令创建一个平面，如图 1-1-39 所示。

（5）可以通过检视（Inspector）视图的 Transform 组件来调整平面的位置。单击 Transform 组件右上角的 "三点图标"，选择重置（Reset）命令来重置 Transform 组件，让 Plane 在世界的中心，如图 1-1-40 所示。

（6）在场景中添加 3D 物体的另一种方法是通过菜单栏中的 GameObject → 3D Object 命令实现，如图 1-1-41 所示。

（7）用此方法往场景里添加 Cube、Sphere、Capsule，然后通过工具栏中的移动工具

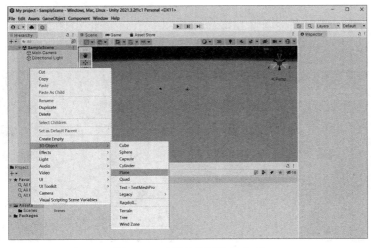

图 1-1-39 层级视图快捷菜单

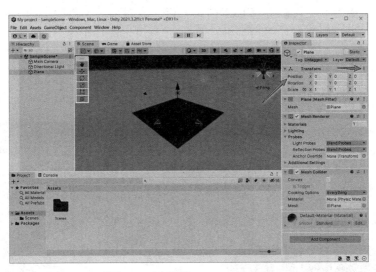

图 1-1-40 重置 Transform 组件

图 1-1-41 在场景中添加 3D 物体

来调整它们的位置，或者直接调整 Inspector 视图中 Transform 组件上的 Position 属性，如图 1-1-42 所示。

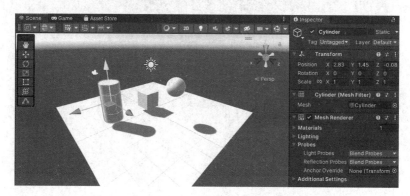

图 1-1-42　Cube、Sphere、Capsule 属性调整

（8）调整完属性后，可以通过 Ctrl+S 组合键，或者选择菜单栏中的 File → Save 命令来保存当前的场景。保存完场景后，会在 Project 窗口生成一个带 Unity 图标的场景文件，另一个项目里可以有多个场景，不同场景间的切换只需要双击场景文件即可，如图 1-1-43 所示。

图 1-1-43　保存场景生成场景文件图标

（9）保存项目并对项目进行备份。如图 1-1-44 所示，选择菜单 File 中的 Save Project 命令对当前的项目进行保存。

（10）右击资源（Assets）视图，在弹出的菜单中选择 Show in Explorer（在浏览器中打开），如图 1-1-45 所示。

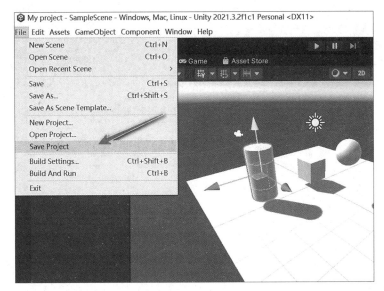

图 1-1-44　保存项目

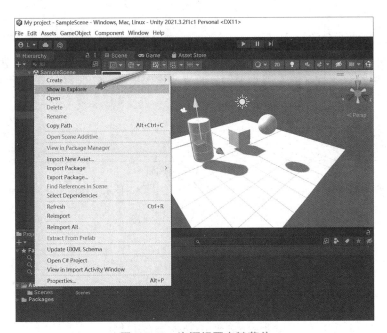

图 1-1-45　资源视图右键菜单

（11）利用 U 盘复制 Assets 所在目录 My Project 进行备份即可，如果复制中文件被占用，那么需要关闭 Unity 再进行复制。

　　My Project 为新建项目时所起的名称，而每一个项目文件夹里的 Assets 目录即为该项目的资源目录，如图 1-1-46 所示。

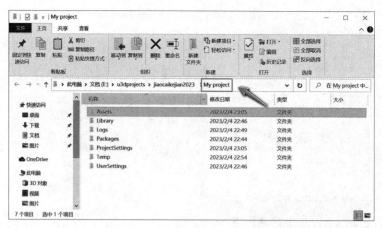

图 1-1-46　项目目录和资源目录

 拓展实训

1. 实训目的

通过视频网站平台的搜索调研，了解 Unity 在 VR 和 AR 领域的典型应用以及所涉及的技术关键词；通过搜索引擎，了解 VR 的国内外发展现状，主要包括 VR 典型应用的发展程度、VR 相关专业教育的发展水平等；通过搜索 VR 就业招聘网站，了解 Unity 相关岗位名称、薪资及要求。

2. 实训内容

完成以下调研表格。

Unity 典型应用调研				
调研网址	搜索关键词	对该领域的理解	技术关键词	备注

虚拟现实技术国内外发展现状调研				
调研网址	搜索关键词	国内外应用发展程度对比	国内外教育水平对比	备注

续表

Unity 相关岗位调研				
调研网址	搜索关键词	涉及岗位名称	薪资及要求	备注

任务 1.2　微缩景观摄影机视角导览

素养目标

（1）培养逻辑思维、做事有条理的能力。
（2）培养总结归纳事物本质的习惯。
（3）培养爱国、爱家、爱校园情怀。

技能目标

（1）理解 Unity 的游戏对象（GameObject）、组件（Component）的概念。
（2）熟悉摄影机（Camera）对象、变换（Transform）组件、天空盒（Skybox）组件。
（3）掌握创建、运行、编译 Unity 项目的方法和步骤。
（4）了解脚本控制游戏对象和组件的几种方法。
（5）了解脚本自带事件和方法的使用。
（6）学会简单的条件语句。

建议学时

6 学时。

■ 任务要求

　　新建 Unity 项目，导入制作好的校园微缩景观场景资源，编写脚本，控制摄影机进行场景内的移动、旋转的操作，通过仅有的条件语句脚本，控制摄影机移动，能看到自己想看的微缩建筑。

游戏对象和
组件 .mp4

知识储备

知识点1　游戏对象（GameObject）和组件（Componet）

1. 游戏对象（GameObject）

　　GameObject 类是 Unity 场景中所有实体的基类。一个游戏对象（GameObject）通常由多个组件（Component）组成，且至少含有一个变换（Transform）组件。我们经常提到的游戏对象（GameObject）是 GameObject 类的一个实例化的物体，GameObject 是游戏场景中真实存在且有位置的一个物件。用户可以通过游戏对象菜单栏（见图 1-2-1）或者层级面板右键菜单（见图 1-2-2），创建各种 Unity 自带的游戏对象，还可以通过资源包（Package）、三维模型文件、资源市场（AssetStore）下载等多种方式获得更多的游戏对象。

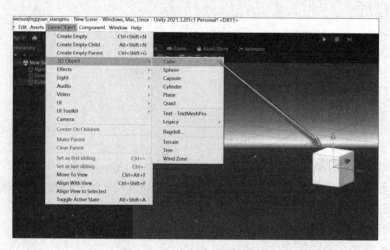

图 1-2-1　游戏对象下拉菜单

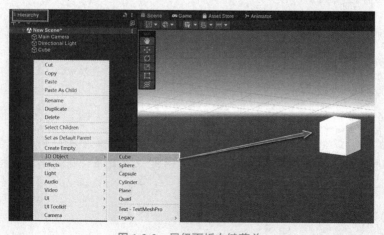

图 1-2-2　层级面板右键菜单

2. 组件（Component）

组件（Component）附属于游戏对象（GameObject），控制游戏对象的各种属性，也为我们提供了各种控制游戏对象的方法。

可以暂且这样理解，Unity 制订的是游戏世界的规则，我们学习时可以与真实世界做类比，例如可以把游戏场景中的游戏对象实例 Cube1 与人类的个体"某某人"做比较，游戏世界把掌管 Cube 位置的相关属性和方法放在 Transform 的组件上，而"某某人"把改变位置的功能放在"腿"上。

知识点2　资源包（Package）的导出与导入

资源包的
导出与导
入 .mp4

资源包（Package）可以理解为 Unity 提供的被压缩的资源文件包，文件扩展名为 .unitypackage，用户可以把任何项目资源素材压缩打包为资源包（Package），用来在项目间或者不同开发者之间使用，但需要注意 Unity 不同版本的兼容性问题。

1. 资源包（Package）的导出

方法一：在项目（Project）面板资源（Assets）区里右击任意资源文件或者文件夹均可以导出资源包，如图 1-2-3 所示；方法二：选中资源文件或者文件夹，选择菜单栏 Assets 下的 Export Package 也可以导出指定的资源包。

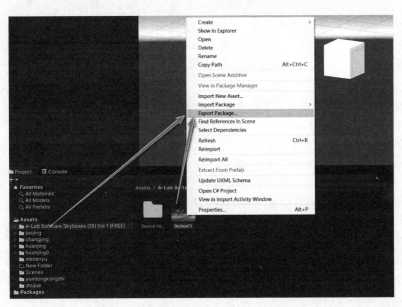

图 1-2-3　资源区右击资源文件弹出菜单

2. 资源包（Package）的导入

方法一：在项目（Project）面板资源（Assets）区空白位置或者文件夹上右击菜单，通过单击 Import Package 导入资源包；方法二：选择菜单栏 Assets 下的 Import Package 也可以导入资源包；方法三：通过鼠标直接拖曳资源包文件到资源区实现资源包的导入，如图 1-2-4 所示；方法四：通过官方资源商店下载的形式导入资源包，后面会在其他项目中讲到。

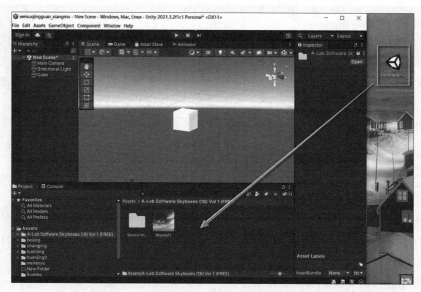

图 1-2-4　鼠标拖曳资源文件实现资源包的导入

父对象和子
对象 .mp4

知识点3　父对象和子对象

Unity 使用一种"父子关系"的概念来管理不同层级下的游戏对象。如图 1-2-5 所示，Obj1 是 Obj2 的父对象，Obj2 是 Obj3 的父对象，Obj2 和 Obj3 都是 Obj1 的子对象，而 Obj1 和 Obj4 是同级关系，不存在任何父子关系。

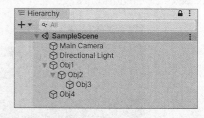

图 1-2-5　父对象与子对象层级视图

父子对象的作用：一方面，可以更有效地对游戏对象进行分门别类，例如可以把一个游戏角色身上所携带的配饰作为子对象或者把一个家具作为一个房间的子对象，方便后期查找；另一方面，从代码和动画的角度，可以通过控制父对象来控制子对象的各种属性。

脚本的创建
和常见的事件
和方法 .mp4

知识点4　脚本的创建和常见的事件和方法

1. 脚本的创建

在资源区空白位置右击，弹出如图 1-2-6 所示菜单，选择 C# Script 进行脚本的创建，默认是以 NewBehavious...命名，用户可以根据需要修改脚本名称。方法一：刚建立脚本后，可以看到新建脚本名称还未失去焦点，如图 1-2-7 所示，此时修改名称即可；方法二：可以单击脚本文件名称位置，进行名称修改，如图 1-2-8 所示，但是修改后两处红框处名称必须一致，否则程序运行会报错。

注　意

不管哪种方式，脚本命名必须以字母开头，如可以是"a111"，不能是"111"。

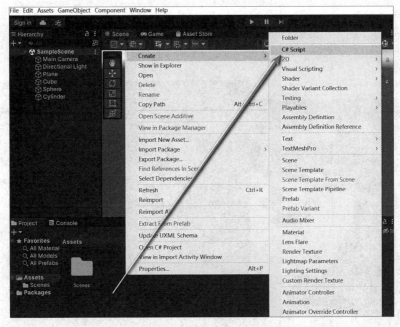

图 1-2-6　资源区右击菜单新建脚本

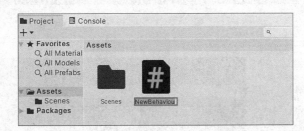

图 1-2-7　重命名脚本文件名

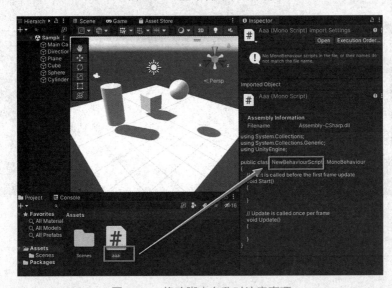

图 1-2-8　修改脚本名称时注意事项

　　创建完脚本文件后，可以双击打开进行脚本编辑，Unity 2019 以上版本会默认以 MS Visual Studio 进行脚本编辑，如图 1-2-9 所示。用户也可以在 Edit 菜单的 Preferences 参数面板中选择其他已安装的脚本编辑器，如图 1-2-10 所示。

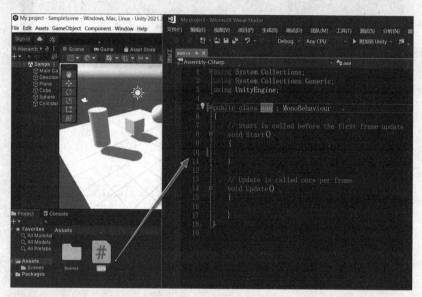

图 1-2-9　MS Visual Studio 脚本编辑器

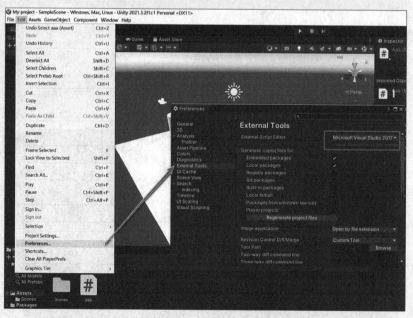

图 1-2-10　修改默认脚本编辑器

2. Start 和 Update 事件

脚本刚创建出来，默认是含有以下代码的。

```
using System.Collections;
using System.Collections.Generic;
using UnityEngine;
public class aaa : MonoBehaviour
{
    //Start is called before the first frame update
    void Start()
    {

    }
    //Update is called once per frame
    void Update()
    {

    }
}
```

其中包含了两个最基本的事件：Start 事件为初始化函数，通常在游戏运行时被调用；Update 事件为刷新函数，通常在游戏每刷新一帧时被调用。

一般情况下，脚本编辑完毕后。需要把脚本当作一个特殊的"组件"挂载到场景中的某个游戏对象身上才能被运行。

3. Translate 和 Rotate 方法

"方法"用来描述事物的功能行为，"属性"用来描述事物的特征。举例来说：在真实世界中，可以理解为"某某"是人类的一个实例，我们可以用"方法"来指挥某人的行为，如某某去扫地，某某走过来等，所以"扫地""走"就是真实世界关于人类的"方法"，而游戏世界或者说 Unity 制订的规则也是模仿真实世界的。这里我们需要学习的是如何用真实世界的规则类比游戏世界的规则，理解了这些方法的使用规则，就能更好地理解其他的方法。例如，在真实世界中，不能直接使用"扫地"这个功能，我们必须确定是谁扫地，扫哪块地，甚至还要约束更多；游戏世界也是这样，需要加入更多的参数来确保事物的行为是我们想要的样子。在 Unity 创造的游戏世界中，我们使用任何方法都要用到以下重要的规则：游戏对象 . 组件 . 方法（具体行为的参数）。

游戏世界的脚本与真实世界的语言并不冲突，甚至类似，因此初学者可以用真实世界的语言来练习表述，以便更快接受 Unity 所使用的 C# 语言的表达规则，例如：某某 . 腿 . 走（向前 *100m）。

（1）Translate 方法是可以移动游戏对象的方法。按照规则，如果场景中的 Cube 向前移动，就要写成以下语句：

```
GameObject.Find("Cube").GetComponent<Transform>().Translate(Vector3.
forward * 0.1f);
```

用现实世界的语言描述就是:

游戏对象中寻找一个叫"Cube"的个体,获得其身上的 Transform 组件,执行 Translate 方法,让其沿着三维空间的前方移动 0.1m。

(2)Rotate 方法是可以旋转游戏对象的方法。按照规则,如果场景中的 Cylinder 绕着向前的坐标轴进行旋转,就要写成以下语句:

```
GameObject.Find("Cylinder ").GetComponent<Transform>().Rotate(Vector3.
forward * 1f);
```

用现实世界的语言描述就是:

游戏对象中寻找一个叫"Cylinder"的个体,获得其身上的 Transform 组件,执行 Rotate 方法,让其绕着三维空间的前方旋转 1°。

这种游戏世界的方法表达规则看似复杂,其实不然,只有这样才能精准支配游戏对象的行为。当然,从现实世界的语言表达上我们有更多省略的写法,游戏世界也是如此。例如,上面的语句可以简单表述成"Cube 向前移动 0.1m",但这样表述的前提是"Cube"是具有人工智能(AI)的,甚至如果一个具有 AI 的"Cube"站在你面前,你还可以更简单地说"你向前走 0.1m"或"向前走 0.1m"。这种简单的语句表述形式在游戏世界中也有体现。

下面是以上两个方法的测试步骤。

步骤 1:新建脚本并命名 aaa,打开编辑器嵌入如图 1-2-11 所示代码,并按 Ctrl+S 组合键进行代码保存。

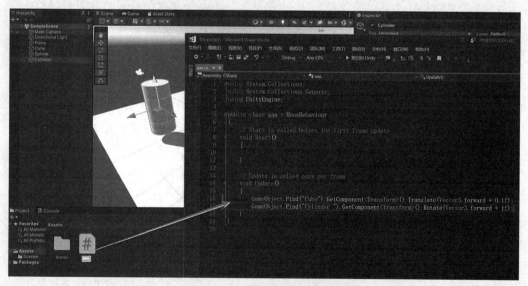

图 1-2-11　新建脚本嵌入移动和旋转方法

步骤 2:如图 1-2-12 所示,将脚本挂载到场景中任意一个游戏对象身上。

步骤 3:如图 1-2-13 所示,单击"运行"按钮观察游戏对象行为。

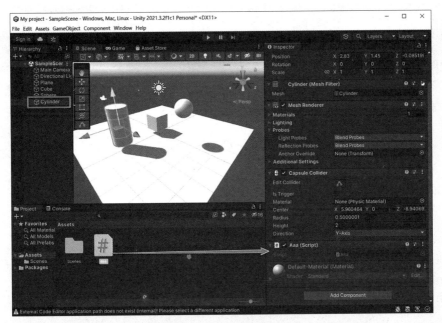

图 1-2-12 脚本挂载方法

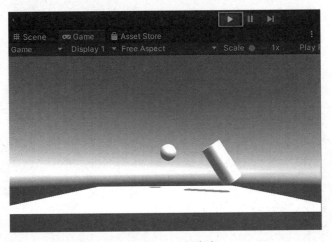

图 1-2-13 运行脚本

知识点5 条件语句if()

Unity 脚本中最常用的条件语句 if() 包含多种形式：单分支、双分支和多分支结构。

1. 单分支结构

语法格式如下：

```
if( 表达式 )
  { 语句 }
```

31

当满足条件时，就执行语句序列，否则跳过 if 语句，执行 if 语句后面的语句。流程图如图 1-2-14 所示。

说明：

（1）if () 中的条件是一个表达式，若此表达式的运算结果是 true，则满足条件；若运算结果是 false，则不满足条件。

（2）如果 { 语句序列 } 中的代码包含一条以上的语句，则必须用"{}"括起来，组成复合语句。

2. 双分支结构

if 语句更常用的形式是双分支结构，执行流程如图 1-2-15 所示。

语法格式如下：

```
if( 条件 )
{语句1}                    // 当满足条件时执行
else
{语句2}                    // 当不满足条件时执行
```

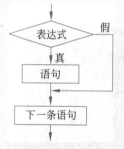

图 1-2-14 单分支结构流程图

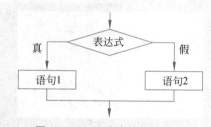

图 1-2-15 双分支结构流程图

3. 多分支结构

前两种形式的 if 语句一般都用于单分支和双分支的情况。当有多个分支选择时，可采用 if-else if 语句，流程图如图 1-2-16 所示。

语法格式如下：

```
if( 表达式 1)
语句1;
else if( 表达式 2)
语句2;
else if( 表达式 3)
语句3;
...
```

```
else if( 表达式 n)
语句 n;
else
语句 n+1;
```

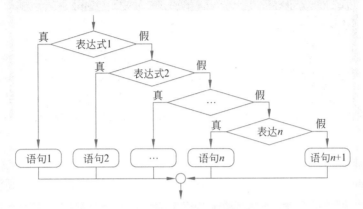

图 1-2-16 多分支结构流程图

 任务实施

步骤 1 新建项目

按照任务 1.1 中介绍的方法创建一个新项目，命名为 weisuojingguan_xiangmu。

步骤 2 微缩景观资源包导入

导入资源包 weisuojingguan.unitypackage，在资源区找到 weisuojingguan 场景文件，双击打开，如图 1-2-17 所示。

微缩景观摄影机视角导览 .mp4

图 1-2-17 微缩景观资源包导入场景

步骤 3　调整模型比例

单击 Hierachy 视图中的 quanbu，修改 Transform 组件里的缩放属性值，如图 1-2-18 所示。

图 1-2-18　修改缩放属性

步骤 4　为摄影机（Camera）添加空对象作为父对象，便于后期加入鼠标控制

（1）将 Game 视图拖曳到方便观察摄影机所示结果的位置，即观察游戏视角，如图 1-2-19 所示。

图 1-2-19　调整游戏视图与场景视图并排

（2）右击并长按场景（Scene）视图可进行视角旋转，按鼠标中键（滚轮）进行视角平移，滚动滚轮进行视角拉伸，直到看到 Scene 视角如图 1-2-20 所示，选中 Hierachy 视图中的 Camera，按 Ctrl+Shift+F 组合键，也可以在 GameObject 下拉菜单中找到 Align With View 对齐摄影机到当前的视角。

图 1-2-20　使用鼠标快捷键进行视角调整

（3）右击 Camera 菜单，选择 Create Empty Parent，在摄影机位置创建一个摄影机父对象（空对象为有位置信息，但无形状、无体积的游戏对象）并命名为 kong，如图 1-2-21 所示。

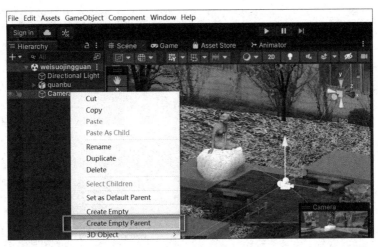

图 1-2-21　为摄影机添加空对象

步骤 5　添加脚本控制空对象进行移动和旋转操作

（1）由于导入的资源比较多，为了避免混乱，需要新建一个文件夹 Myas，在 Assets 上右击，从打开的快捷菜单中选择 Folder，如图 1-2-22 所示。

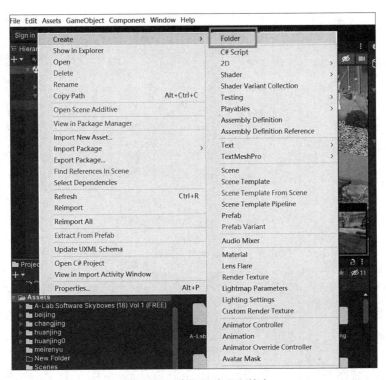

图 1-2-22　资源区建立文件夹

默认新建的文件夹为 New Folder，为了便于后期查找脚本，我们改名为 Myas。在 Myas 里新建脚本，名称为 Move，并把脚本拖曳到 kong 上，如图 1-2-23 所示。

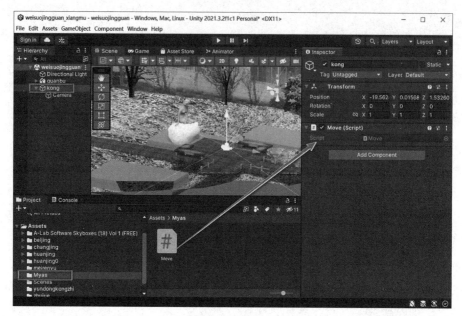

图 1-2-23 建立 Move 脚本并挂载到空对象上

（2）编写脚本键入如下代码并保存，运行脚本并观察摄影机游戏视角的变化。

```csharp
using System.Collections;
using System.Collections.Generic;
using UnityEngine;

public class Move : MonoBehaviour
{
    void Start()
    {

    }

    void Update()
    {
        GameObject.Find("kong").GetComponent<Transform>().
        Translate(Vector3.left * 0.01f);
        GameObject.Find("kong").GetComponent<Transform>().Rotate(Vector3.
        up * -0.1f);
    }
}
```

（3）运行时观察 kong 对象 Transform 组件中 Position 属性 X 分量的变化，并及时暂停记录数值，如图 1-2-24 所示。

图 1-2-24 暂停运行并观察位置属性

（4）利用 if 语句修改上面代码，让摄影机及时停止在能够看到"校园"两个字的位置。

这里摄影机经过前面的步骤，没有一个定量的准确位置，因此想要看到"校园"两个字并停止运动，需要根据自己的数据相应调整 if 语句里的条件。

```csharp
using System.Collections;
using System.Collections.Generic;
using UnityEngine;

public class Move : MonoBehaviour
{
    void Start()
    {

    }

    void Update()
    {
        if (GameObject.Find("kong").GetComponent<Transform>().position.x
        >= -24.532f)
        {
            GameObject.Find("kong").GetComponent<Transform>().
            Translate(Vector3.left * 0.01f);
            GameObject.Find("kong").GetComponent<Transform>().
            Rotate(Vector3.up * -0.1f);
        }
    }
}
```

拓展实训

1. 实训目的

通过导入新的 Unity 资源包，练习资源包的导入和导出；通过对场景搭建和摄影机位置调整，进一步理解游戏对象和组件的关系；通过建立脚本，进一步理解 if 语句。

2. 实训内容

（1）新建一个 Unity 项目，命名为 CarGame，导入本书所提供的资源包 road.package 和 baoshijie.package。

（2）在资源中的 Prefab 目录里找到相应资源，拖入场景，使用移动工具和旋转工具配合全局坐标到局部坐标的切换，调整车辆位置，如图 1-2-25 所示。

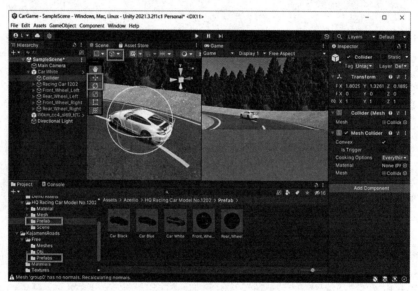

图 1-2-25　导入赛车资源包

（3）编写脚本，实现车辆向前运动，并使车轮随车运动时保持滚动。

这里着重练习三种常见游戏对象表达方式，示例如下：

```
using System.Collections;
using System.Collections.Generic;
using UnityEngine;

public class NewBehaviourScript : MonoBehaviour
{
    public Transform Cartr;
    void Start()
    {

    }
    void Update()
    {
```

```
    //GameObject.Find("Car White").GetComponent<Transform>().Translate(Vector3
      .forward * 0.01f);                                    //第一种表达方式
    //this.transform.Translate(Vector3.forward * 0.01f);   //第二种表达方式
    Cartr.transform.Translate(Vector3.forward * 0.01f);    //第三种表达方式
  }
}
```

（4）思考利用条件语句，让车在两个 Cube 之间往返移动，如图 1-2-26 所示。

初学者可以把车与两个 Cube 的 X 轴或者 Z 轴方向对齐，便于车辆直线移动。使用 this.transform.position.x 可以获得车辆的 X 轴坐标值。

图 1-2-26　拓展实训示意图

任务 1.3　键盘鼠标控制摄影机视角

素养目标

（1）培养精益求精的工匠精神。
（2）培养多角度看问题的意识。
（3）培养爱国、爱家、爱校园情怀。

技能目标

（1）熟悉常见的键盘事件，能区分"按下""抬起"和"长按"事件。
（2）熟悉常见的鼠标事件，能区分左、右键"按下""抬起"和"长按"，以及鼠标水平和垂直滑动事件。
（3）能使用键盘和鼠标控制摄影机旋转和移动。
（4）了解 Collider（碰撞器）组件的作用和使用。
（5）会简单使用 Material（材质）。

建议学时

4 学时。

■ 任务要求

　　修改任务 1.2 摄影机脚本，能够键盘控制摄影机位置前后左右移动和鼠标控制摄影机视角上下、左右弧形旋转，为场景中添加碰撞器，控制摄影机在一定边界区域内运动。

 知识储备

Debug.Log()
控制台输出
函数 .mp4

知识点1　Debug.Log()控制台输出函数

　　Debug.Log() 是控制台输出函数。在 Unity 脚本调试过程中，经常需要跟踪一些变量的值，临时返回一个可观测的结果，或者在逻辑判断的位置输出一些数据用来检查逻辑错误，此时就需要向控制台输出数据。Debug.Log() 可以输出常量或者变量的值。

　　例如，可以用 Debug.Log() 来监视任务 1.2 中游戏对象的位置信息，在之前的脚本中只需要添加如图 1-3-1 所示代码。

图 1-3-1　控制台输出 Cube 的位置信息

以下是输出常见数据类型的代码实例。

```
void Start()
{
    string mystr = "字符串";
```

```
    int n = 5;
    Debug.Log("字符串常量");
    Debug.Log(mystr);
    Debug.Log(n);
    Debug.Log("sum=" + n);
}
```

知识点2 键盘事件

键盘事件
.mp4

关于常见输入设备的操作，Unity 为开发者提供了 Input 类库，其中包括一系列键盘感知函数。一般利用 if() 语句和这些键盘感知函数就可以实现键盘事件的响应。

1. 键盘按下

```
//Update is called once per frame
void Update() {
    if(Input.GetKeyDown(KeyCode.A))
    {
        Debug.Log("您按下了 A 键");
    }
    if(Input.GetKeyDown(KeyCode.B))
    {
        Debug.Log("您按下了 B 键");
    }
    if(Input.GetKeyDown(KeyCode.Backspace))
    {
        Debug.Log("您按下了退格键");
    }
    if(Input.GetKeyDown(KeyCode.F1))
    {
        Debug.Log("您按下了 F1 键");
    }
}
```

2. 键盘抬起

```
//Update is called once per frame
void Update() {
    if(Input.GetKeyUp(KeyCode.A))
    {
        Debug.Log("您抬起了 A 键");
    }
    if(Input.GetKeyUp(KeyCode.B))
    {
```

```
        Debug.Log(" 您抬起了 B 键 ");
    }
    if(Input.GetKeyUp(KeyCode.Backspace))
    {
        Debug.Log(" 您抬起了退格键 ");
    }
    if(Input.GetKeyUp(KeyCode.F1))
    {
        Debug.Log(" 您抬起了 F1 键 ");
    }
}
```

3. 键盘长按

```
void Start()
{
    int count = 0;
}
void Update() {

    if(Input.GetKeyDown(KeyCode.A))
    {
        Debug.Log("A 按下一次 ");
    }
    if(Input.GetKey(KeyCode.A))
    {
        count++;
        Debug.Log("A 被连续按了 :"+count);
    }
    if(Input.GetKeyUp(KeyCode.A))
    {
        // 抬起后清空帧数
        count = 0;
        Debug.Log("A 按键抬起 ");
    }
}
```

鼠标事件
.mp4

知识点3 鼠标事件

Unity 为开发者提供的 Input 类库，其中还包括一系列鼠标感知函数。一般利用 if() 语句和这些鼠标感知函数就可以实现鼠标事件的响应。

和键盘事件一样，鼠标一般只有 3 个按键：左键、右键和中键。具体如下。

1. 鼠标按下

利用 Input.GetMouseButtonDown() 判断鼠标哪个按键被按下：如果返回值为 0，则代表鼠标左键被按下，为 1 代表鼠标右键被按下，为 2 代表鼠标中键被按下。

2. 鼠标抬起

利用 Input.GetMouseButtonUp() 判断鼠标按键的抬起。

3. 鼠标长按

利用 Input.GetMouseButton() 判断鼠标按键是否一直处于按下状态。

4. 鼠标平移方向

利用 Input.GetAxis() 判断鼠标是水平移动还是垂直移动。此函数需要一个字符串常量作为参数，如字符串常量 Mouse X 代表鼠标在桌面上水平移动（或者理解为鼠标在屏幕上沿着 X 轴移动），Mouse Y 代表鼠标在桌面上垂直移动（或者理解为鼠标在屏幕上沿着 Y 轴移动），返回值是一个 –1~1 的浮点数（负数代表鼠标向左或者向下移动，正数代表鼠标向右或者向上移动）。通过参数和返回值配合就能得知鼠标滑动的方向，经常使用此函数来控制摄影机视角的旋转。

用这个函数控制场景里 Cube 对象的旋转代码如下：

```
void Update()
{
    GameObject.Find("Cube").GetComponent<Transform>().Rotate(Vector3.up
    * Input.GetAxis("Mouse X"));
    GameObject.Find("Cube").GetComponent<Transform>().Rotate(Vector3.
    left * Input.GetAxis("Mouse Y"));
}
```

通过运行以上代码，Cube 可以用鼠标沿着 X 轴旋转和沿着 Y 轴旋转，但由于每次旋转都是基于之前的角度，Cube 的坐标轴均在之前的旋转中发生了改变，继续转下去 Cube 的姿态很难控制，如果用同样的方法控制摄影机的旋转，会让摄影机视角产生"跌倒"的错觉。因此，在此任务中要实现摄影机根据鼠标自由旋转，必须进行改进。

知识点4 碰撞器（Collider）

碰撞器.mp4

碰撞器在 Unity 中以"组件"的形式存在,用来判定物体与另一个物体是否发生碰撞,以碰撞器是否有接触来判定物体是否发生碰撞或触发一些事件，两个物体的碰撞器接触触发碰撞器的默认方法有：OnCollisionEnter()、OnCollisionStay() 和 OnCollisionExit()，这三个方法分别代表碰撞发生时、碰撞发生过程中和碰撞结束时。可以在这些方法里写上碰撞触发的事件。

一般创建一个物体时都会自带一个碰撞器，如创建一个 Cube，它的检视视图中就会带有盒碰撞器或碰撞盒（Box Collider），如图 1-3-2 所示。Unity 默认的 Cube 长宽高都是 1，所以碰撞器的长宽高也是 1，单击 Cube 能隐隐约约看到它边框的绿线，那就是碰撞器，关于碰撞器经常调节的参数有 Is Trigger: 选中该复选框，则该碰撞器可用于触发事件，忽略物理碰撞；Center: 碰撞器在游戏对象局部坐标中的位置；Size: 碰撞器在三维方向上的大小。

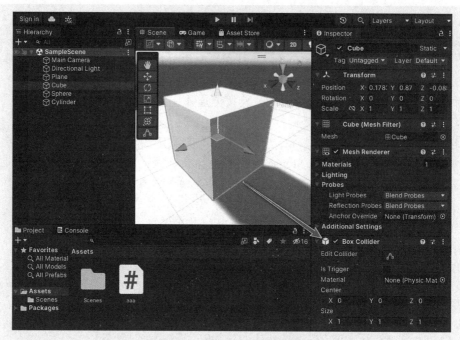

图 1-3-2　Cube 自带盒碰撞器

例如，在 Cube 上添加如图 1-3-3 所示脚本，当 Cube 被撞后就会触发控制台的输出。

```
void Update () {

}
//刚发生碰撞时调用
void OnCollisionEnter(Collision col)
{
    Debug.Log("立方体刚与" + col.transform.name + "发生碰撞");
}
//碰撞持续中时每帧调用
void OnCollisionStay(Collision col)
{
    Debug.Log("立方体正与" + col.transform.name + "发生碰撞");
}
//脱离碰撞状态时调用
void OnCollisionExit(Collision col)
{
    Debug.Log("立方体脱离碰撞");
}
```

图 1-3-3　常用的碰撞事件

碰撞器除了盒碰撞器外，还有球形碰撞器（Sphere Collider）、胶囊碰撞器（Capsule Collider）和网格碰撞器（Mesh Collider），它们都是作为游戏对象的组件而存在的。

知识点5　刚体（RigidBody）

刚体 .mp4

刚体是运动学（Kinematic）中的一个概念，是指在运动中和受力作用后，形状和大小不变，而且内部各点的相对位置不变的物体。在 Unity3D 中，刚体组件赋予了游戏对象一些运动学上的属性，主要包括质量（Mass）、阻力（Drag）、是否使用重力（Use Gravity）、是否受物理影响（Is Kinematic）、碰撞检测（Collision Detection）、速度（Velocity）、受力（Force）和爆炸力（Explosion Force）。没有刚体组件，游戏对象之间可以相互穿透，不会产生碰撞。

通俗来说，给物体添加刚体组件，物体就会受重力和其他物理力的影响，能够对其施加物理力。我们经常使用刚体组件的 AddFouce() 来给物体施加推力。例如，可以给 Cube 一个向上的推力让其跳跃。

知识点6 材质（Material）

Unity 通过资源（Assets）来管理材质（Material），通常称为材质球，用户可以通过在资源视图中创建材质，附以贴图或调节材质球的各项属性来产生从简单到复杂的各种材质，然后把调节好的材质球像组件一样添加到游戏对象身上。材质的调节比较烦琐，因此在实际工作中往往设置有专门的材质师岗位。具体内容在后面配合灯光知识用一个具体的项目来进行单独讲解。下面是赋予对象材质的一般步骤。

材质 .mp4

1. 准备贴图素材

将准备好的"地砖"图片拖入资源区，如图 1-3-4 所示。

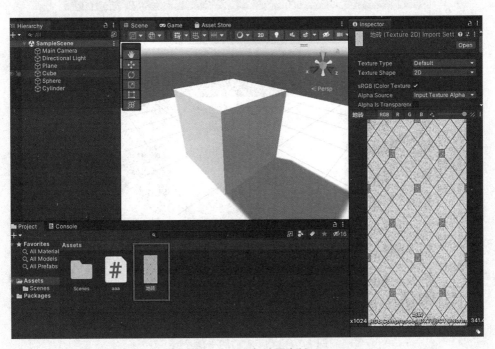

图 1-3-4 准备贴图素材

2. 新建材质

在资源区右击，在打开的菜单中选择 Create → Material 命令，建立一个新的材质球，将贴图素材拖曳到刚刚建好的材质球的属性 Albedo 上，如图 1-3-5 所示。

3. 材质赋予游戏对象并调节参数

先将材质球拖曳到场景（Scene）视图中的"平面（Plane）"上，然后在 Plane 的监视窗口中调节 Material 的参数，以达到想要的平铺效果，如图 1-3-6 所示。

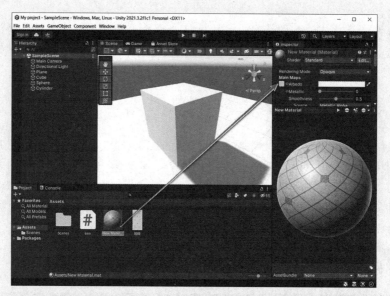

图 1-3-5　赋予材质球贴图

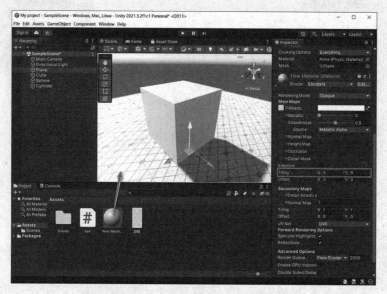

图 1-3-6　调节材质的平铺参数

键盘鼠标控
制摄影机视
角 .mp4

任务实施

步骤 1　打开任务 1.2 中的项目，修改 Move 脚本

在 Assets 资源区找到之前的脚本 Move，选中任务 1.2 编写的代码，将其注释。并加入鼠标控制和键盘控制脚本。如果移动方向与设想不一致，请检查子对象摄影机的局部坐标和旋转角度是否归零。代码如下：

```
using System.Collections;
using System.Collections.Generic;
using UnityEngine;

public class Move : MonoBehaviour
{
    void Start()
    {

    }
    void Update()
    {
        //if(GameObject.Find("kong").GetComponent<Transform>().position.x
        >= -24.532f)                    // 注释掉的语句
        //{                              // 注释掉的语句
        //GameObject.Find("kong").GetComponent<Transform>().Translate(Vector3
        .left * 0.01f);                  // 注释掉的语句
        //GameObject.Find("kong").GetComponent<Transform>().Rotate(Vector3
        .up * -0.1f);                    // 注释掉的语句
        //}                              // 注释掉的语句
        GameObject.Find("kong").GetComponent<Transform>().Rotate(Vector3.up * Input
        .GetAxis("Mouse X"));
        // 利用鼠标横向移动控制空对象沿着向上的坐标轴旋转
        GameObject.Find("Camera").GetComponent<Transform>().Rotate(Vector3.left
        * Input.GetAxis("Mouse Y"));
        // 利用鼠标纵向移动控制摄影机沿着向左的坐标轴旋转
        if(Input.GetKey(KeyCode.W))
        {
            GameObject.Find("kong").GetComponent<Transform>().Translate(Vector3.
            forward * 0.1f);
            // 按下 W 键空对象带着摄影机子对象向前移动
        }
        if(Input.GetKey(KeyCode.S))
        {
            GameObject.Find("kong").GetComponent<Transform>().Translate(Vector3.back
            * 0.1f);
            // 按下 S 键空对象带着摄影机子对象向后移动
        }
    }
}
```

步骤 2　为 kong 对象添加碰撞器

选中游戏对象 kong，检视视图单击 Add Component 按钮，在弹出的菜单中找到并添加 Box Collider，调节碰撞盒的大小，如图 1-3-7 所示。

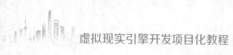

图 1-3-7　为 kong 对象添加碰撞器组件

步骤 3　制作"隐形"墙壁作为摄影机的边界

添加新的游戏对象 Cube，并利用 Scene 视图里的缩放工具调整 Cube 大小，将摄影机活动边界围住，如图 1-3-8 所示。

图 1-3-8　利用 Cube 作为边界围住摄影机

取消勾选 Mesh Renderer 以隐藏四个边界，如图 1-3-9 所示。

图 1-3-9　隐藏边界

为"草地"游戏对象添加 Mesh Collider 碰撞器，以便防止摄影机落到地面以下，如图 1-3-10 所示。

图 1-3-10 为"草地"添加网格碰撞器

为 kong 对象添加 Rigidbody 组件，并修改参数，如图 1-3-11 所示。

适当调整 kong 的碰撞器高度，运行脚本并进行测试，观察碰撞器对摄影机与边界碰撞的影响。

图 1-3-11 为 kong 对象添加 Rigidbody 组件

拓展实训

1. 实训目的

通过对汽车模型的控制，进一步巩固键盘的控制方法，练习调节碰撞器，添加刚体组件；增加对变量的理解。

2. 实训内容

（1）打开上一个拓展实训项目文件 CarGame，调整车体的 Collider 到轮子下沿处，并给整个车体添加 Rigidbody 组件，如图 1-3-12 所示。

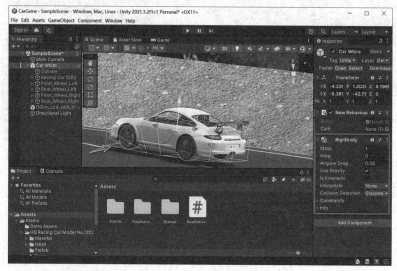

图 1-3-12　为车体添加刚体组件并调节碰撞器位置

（2）将摄影机调整到如图 1-3-13 所示的第三人称视角，练习 Ctrl+Shift+F 组合键的使用，注意选中摄影机进行练习。

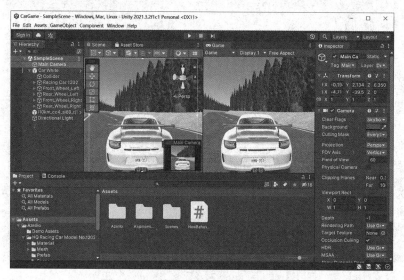

图 1-3-13　快速对齐摄影机到当前视角

（3）调整摄影机位置到车内第一人称视角，并在调整好位置后，在摄影机位置添加一个空对象进行位置标记，以便于下面可以按键切换摄影机位置，如图 1-3-14 所示。这里需要思考如何快速把空对象定位到摄影机所处位置。同样地，在第三人称视角位置也添加一个空对象作为位置标记。

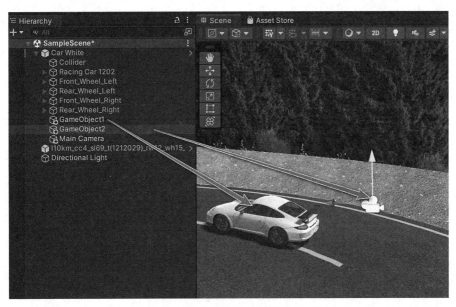

图 1-3-14　用空对象记录摄影机位置

（4）编写脚本，按下 V 键时镜头切换第三人称视角，按下 C 键时切换第一人称视角。这里需要思考利用变量和条件语句能否实现只按 V 键进行第一人称和第三人称之间的切换。代码提示如下：

```
if(Input.GetKeyDown(KeyCode.V))
{
    Camtr.position = ThirdPiont.position;
}
if(Input.GetKeyDown(KeyCode.C))
{
    Camtr.position = FirstPiont.position;
}
```

（5）编写脚本，使用 A、S、D、W 键控制车辆前后移动和左右转弯。

（6）编写脚本，实现车轮随车辆前后移动做前后滚动。转弯时车轮随车辆方向进行左右旋转。这里注意车轮前后滚动会影响自身局部坐标轴的旋转，因此再次进行车轮左右转动时会出现不可控的现象，应该合理使用空对象与车轮建立父子关系进行转动。代码提示如下：

```
FrontBack = 0;
```

```
LeftRight = 0;
if(Input.GetKey(KeyCode.W))
{
    FrontBack = 1;
}
if(Input.GetKey(KeyCode.S))
{
    FrontBack = -1;
}
if(Input.GetKey(KeyCode.A))
{
    LeftRight = -1;
}
if(Input.GetKey(KeyCode.D))
{
    LeftRight = 1;
}
Cartr.Translate(Vector3.forward * Speed * FrontBack);
Cartr.Rotate(Vector3.up * LeftRight);
Front_Wheel_Left.Rotate(Vector3.right * FrontBack);
Front_Wheel_Left_X.Rotate(Vector3.up * LeftRight);
```

（7）思考以上代码与"任务实施"中控制摄影机前后移动的代码有什么不同。以上脚本提示里的变量初始值设置如图 1-3-15 所示。

图 1-3-15　脚本提示里的变量设置

团队实战与验收

项目 1 工
单 .pdf

项目工单

单号	VR-xywsjg		团队名称		项目负责人	
编号	任 务 名 称		基 本 要 求	拓展与反思	工期要求	责任人
1	微缩景观场景摄影机视角导览	1.1 1.2 1.3	导入制作好的校园微缩景观场景资源； 编写脚本控制摄影机进行场景内的自由浏览； 实现用键盘控制第一人称视角的位置，用鼠标控制第一人称视角的观察角度	1.4 摄影机移动路线能够看到所有微缩景观		例： 1.1 王某 1.2 李某
2	键盘鼠标控制摄影机视角	2.1 2.2	利用 W、S、A、D 键分别控制摄影机的前后左右移动； 利用鼠标对摄影机视野进行控制，水平滑动鼠标视角围绕 Y 轴旋转，垂直滑动鼠标视角围绕 X 轴旋转	2.3 团队讨论并通过搜索引擎搜索相关内容，总结本项目所学可以用于哪些应用场景		
备注	完成情况： 项目创新： 问题描述： 其他：					

项目评价

项目 1 评
价 .pdf

单号	VR-xywsjg	团队名称			
任务编号	完成情况自述	分 值	评价主题		
			学生自评	小组互评	教师评价
1.1		10			
1.2		10			
1.3		20			
1.4		10			
2.1		20			
2.2		20			
2.3		10			
总分		100			

项目2

卡通小镇保卫战游戏开发项目

📖 项目描述

　　党的二十大报告强调加快实施创新驱动发展战略，加快实现高水平科技自立自强。我国动漫产业和游戏产业具有广泛的市场前景，虚拟现实开发引擎给3D动画制作带来了技术革新，原本利用其他3D软件需要数百小时才能完成的动画片段在Unity引擎中可能只需要几分钟，再加上这几年人工智能技术的高速迭代，使动画制作的工艺流程有了很大的变化。我国游戏产业较其他国家起步晚，但Unity引擎开发的出现加快了我国游戏产品开发的速度。因此我们在这个项目中主要以培养Unity引擎动画制作和第三人称角色游戏开发为主，选取"卡通小镇"免费官方资源市场作为我们练习的场景，制作一个保护游戏主角家园的游戏。以保护家园为主题，增强同学们爱国爱家的信念。另外，关于动画控制、追踪问题、粒子特效、UI界面、射线检测等知识点都是近几年虚拟现实国赛省赛必考内容。

　　本项目要求在卡通小镇中实现主角对键盘和鼠标的操控，敌人对主角进行一定区域内的智能追逐，主角对敌人的射击，敌人对主角的粒子轰炸，并利用UI实现两者的血量显示和计算，实现关卡的跳转等。

🎯 项目重难点

项目内容	工作任务	建议学时	技 能 点	重 难 点	重要程度
在 Unity 中进行场景布置、角色动画设置，并完成角色运动、射击、追踪、场景跳转等交互代码的编写	任务 2.1　初识动画制作流程	4	熟悉动画和动画控制器基本设置和动画状态的脚本控制	FBX 制作和导入和导出设置	★★★☆☆

续表

项目内容	工作任务	建议学时	技　能　点	重　难　点	重要程度
在 Unity 中进行场景布置、角色动画设置，并完成角色运动、射击、追踪、场景跳转等交互代码的编写	任务 2.1　初识动画制作流程	4	熟悉动画和动画控制器基本设置和动画状态的脚本控制	利用动画面板进行动画录制	★★★★☆
				动画控制器进行动画状态切换设置	★★★★★
				使用脚本进行动画状态切换	★★★★★
	任务 2.2　资源市场的使用及场景搭建	6	能进行场景搭建，用户界面设置	资源市场寻找免费资源并进行场景导入	★★☆☆☆
				按钮、文本、图像、滚动条等常见 UI 对象的使用	★★★★☆
				网格导航寻路设置和基本代码编写	★★★★☆
				粒子系统的常用参数设置	★★★☆☆
	任务 2.3　游戏角色逻辑制作	10	能够使用脚本控制游戏角色运动，对敌人进行射击，敌人可以对角色进行追踪及攻击，并完成血量显示	图层的作用及使用	★★★☆☆
				游戏对象距离判断	★★★★☆
				粒子碰撞检测	★★★★☆
				场景跳转	★★★★☆
				延迟调用函数的使用	★★★★☆
				射线检测	★★★★★

任务 2.1　初识动画制作流程

 素养目标

（1）增强科技助力产业的自信心。
（2）培养爱国爱家意识。

 技能目标

（1）了解动画制作的一般思路。
（2）熟悉动画和动画控制器组件。
（3）掌握动画控制的相关脚本。

⚙ 建议学时

4 学时。

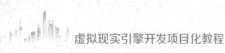

虚拟现实引擎开发项目化教程

任务要求

利用 3ds Max 建模软件制作一个简单的小人模型，制作静止和行走两个状态的动画，并导出 FBX 文件格式；导入 Unity 中，利用动画控制器加入动画状态的转换和动画控制脚本，实现第三人称视角控制和行走。

知识储备

简单 FBX 动画制作和导出设置 .mp4

知识点1　简单FBX动画制作和导出设置

Unity 支持的模型格式包括 FBX、.mb、.ma、.max、.jas、.dae、.dxf、.obj、.c4d、.blend、.lxo。其中 FBX 文件是以 Autodesk Filmbox 格式保存的 3D 模型，可以用于 3D 软件之间 3D 数据的交换和使用。FBX 文件格式支持主要的 3D 数据元素以及 2D、音频和视频媒体元素，Unity 使用 FBX 文件格式主要是因为 FBX 既能保存模型的结构、贴图，又能保存基本的动画信息。FBX 文件通常用于游戏开发和动画制作。

下面用一个简单的例子来演示一下 FBX 动画制作及导出设置。

打开 3ds Max 软件，在透视视图中创建一个"茶壶"，如图 2-1-1 所示。

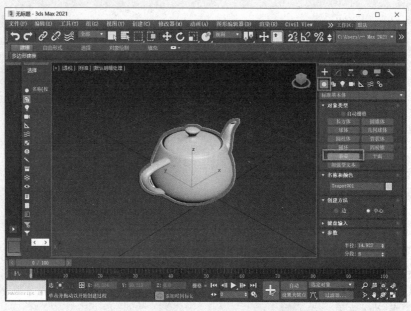

图 2-1-1　3ds Max 利用创建面板新建"茶壶"

打开"自动关键点模式"，单击"时间配置"图标，在弹出的时间配置面板里，修改动画的"长度"即时间轴总长度为 20 帧，如图 2-1-2 所示。

把时间滑块拖曳到第 20 帧，利用旋转工具让"茶壶"旋转接近一周，然后拖曳时间滑块观察已经制作好的动画，如图 2-1-3 所示。

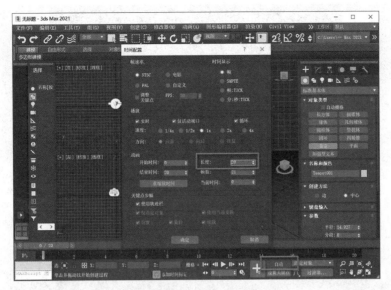

图 2-1-2 时间配置面板

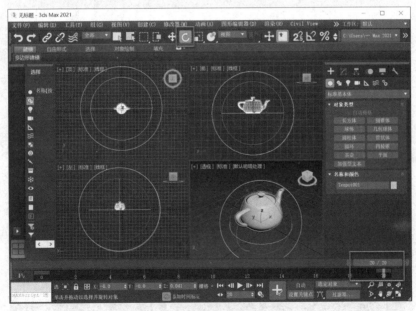

图 2-1-3 制作茶壶旋转动画

关闭"自动关键帧模式",在文件下拉菜单中选择"导出",输入要保存成 FBX 格式的文件名为 chahuxuanzhuan,在打开的 FBX 导出设置面板里进行设置,其中"动画"选项必须勾选。由于 Unity 自带摄影机和灯光,因此这里的摄影机和灯光可以去掉勾选。需要注意的是,"嵌入的媒体"代表这个模型是否需要把材质一并导出,如果需要材质,则勾选,如图 2-1-4 所示。

把制作好的 chahudonghua.fbx 拖曳到 Unity 资源区,单击播放按钮,并在检视窗口播放并观察动画,如图 2-1-5 所示。

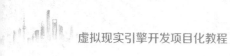

虚拟现实引擎开发项目化教程

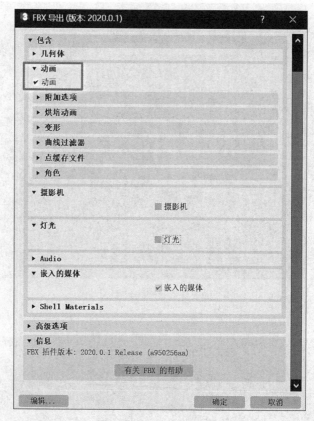

图 2-1-4　FBX 导出设置

图 2-1-5　FBX 资源的动画播放

58

知识点2 动画（Animation）

动画 .mp4

动画或者动画片段是一个包含了一系列帧的数据文件，这个文件可以在 Unity 内创建，也可以在具有动画的 FBX 文件导入（知识点 1 已经可以看到 FBX 中所含动画文件）。下面举例说明如何在 Unity 内创建动画。

新建一个项目，在场景中放入一个 Cube，在 Scene 或者 Hirrachy 视图中选中这个 Cube，按 Ctrl+6 组合键（或者在 Window 菜单中单击 Animation → Animation）就可以打开动画剪辑制作面板 Animation，如图 2-1-6 所示，动画面板含有时间轴，可以进行游戏对象关键帧动画的制作。

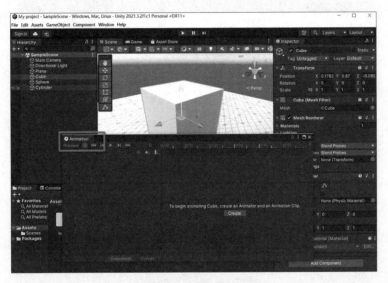

图 2-1-6 动画面板

在打开的动画面板中单击右侧 Create 按钮，创建一个新的动画片段。在弹出的"保存"对话框中填写动画片段名称为 CubeRotate 并按照默认路径保存。单击"录制"按钮，拖曳时间轴到第 1 秒位置（如果时间轴上的时间刻度比较疏，可滚动鼠标滚轮进行时间轴缩放），在场景中用旋转工具旋转一下 Cube，会自动生成 Cube 旋转的关键帧动画，如图 2-1-7 所示，制作完成后记得弹起录制按钮。

在动画面板左上方找到如图 2-1-8 所示下拉菜单，单击 Create New Clip 再创建一个新的动画片段并保存为 CubeMove。

与制作 CubeRotate 一样的步骤，在时间轴 1 秒的位置，拖曳场景里的 Cube 到一个新的位置，制作好 Cube 移动的动画片段，如图 2-1-9 所示。

关闭动画面板，可以看到资源区多了三个文件，其中两个是刚刚做好的动画片段文件，还有一个是接下来要讲的动画控制器文件，如图 2-1-10 所示。选择资源区里每一个动画片段文件，可以在检视视图中看到该动画演示，如果无法看到相应的游戏对象，可以把 Cube 拖曳到预览区，然后单击播放按钮。

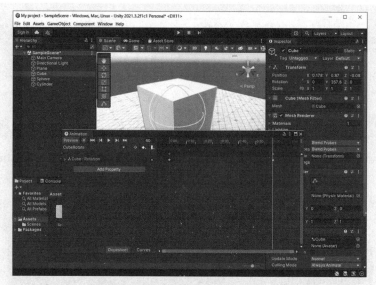

图 2-1-7　制作关键帧动画

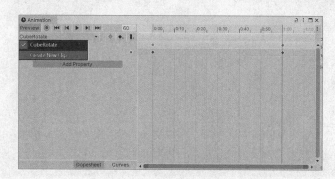

图 2-1-8　新建动画片段

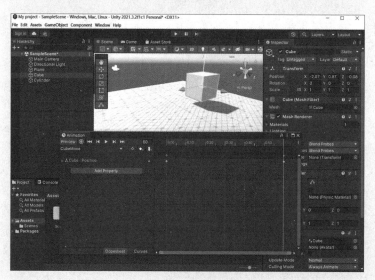

图 2-1-9　制作 Cube 移动的关键帧动画

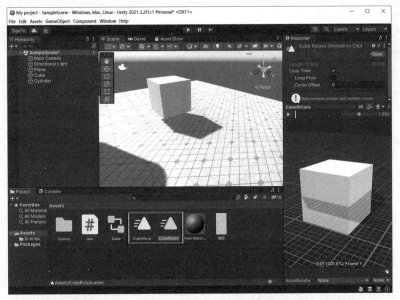

图 2-1-10 资源区生成的动画片段文件

知识点3 动画控制器 (Animator Controllor)

动画控制器 .mp4

1. 动画控制器

动画控制器在 Unity 中作为一种单独的配置文件存在，其功能是：可以对多个动画片段进行整合；使用状态机实现动画的播放和切换；可以实现动画融合和分层播放；可以通过脚本对动画播放进一步控制。如图 2-1-11 所示，空的动画控制器面板只有任意态（Any State）、进入态（Entry）和结束态（Exit）三个状态，这三个初始状态是无法删除的。

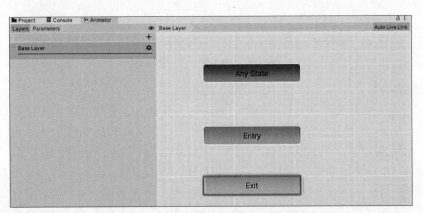

图 2-1-11 动画控制器面板三个初始状态

（1）Any State：表示任意的状态，其作用是指向的状态是在任意时刻都可以切换过去的状态。

（2）Entry：表示进入当前状态机时的入口，该状态会成为进入状态机的第一个状态。

（3）Exit：表示退出当前的状态机，如果有任意状态指向该出口，表示可以从指定状态退出当前的状态机。

在图2-1-10中，可以看到制作完茶壶动画后多了三个文件，其中Cube文件就是动画控制器文件，双击可以打开控制器面板，查看里面的状态。

2. 动画控制组件

动画控制器文件如果要作用于游戏对象，必须给游戏对象在检视视图添加动画控制（Animator）组件，也称为动画器组件，如图2-1-12所示。

（1）Controller：使用的资源区的动画控制器文件。

（2）Avatar：使用的骨骼文件。

（3）Apply Root Motion：绑定该组件的游戏对象的位置是否由动画进行改变（如果存在改变位移的动画）。

（4）Update Mode：更新模式。Normal表示使用Update进行更新；Animate Physics表示使用FixUpdate进行更新（一般用在和物体有交互的情况下）；Unscale Time表示使用timeScale进行更新（一般用在UI动画中）。

（5）Culling Mode：剔除模式。Always Animate表示即使摄影机看不见也要进行动画播放的更新；Cull Update Transform表示摄影机看不见时停止动画播放，但是位置会继续更新；Cull Completely表示摄影机看不见时停止动画的所有更新，这也是最节省资源的一种更新形式。

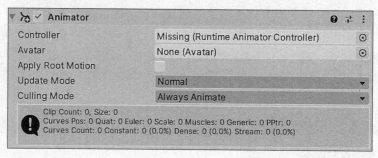

图2-1-12　Animator组件

3. 状态切换

动画之间的播放不再通过调用诸如"Play"之类的方法进行切换，而是通过判断参数（Parameters）的变换来进行状态的切换，例如一个游戏对象从静止的动画状态切换到跑的动画状态。

在任务2.1知识点2中，我们已经做好了两个动画片段，但运行时会发现只能播放Cube旋转的动画，Cube移动的动画无法进行切换，当选择场景里的Cube时，在其检视视图里会看到多了一个Animator组件，"Controllor"正是资源区里做完动画后生成的第三个文件Cube，如图2-1-13所示，说明当我们给一个对象key帧做动画时，会自动给该对象添加Animator组件，但里面的Controllor还没有进行配置，因此无法实现动画状态转换。

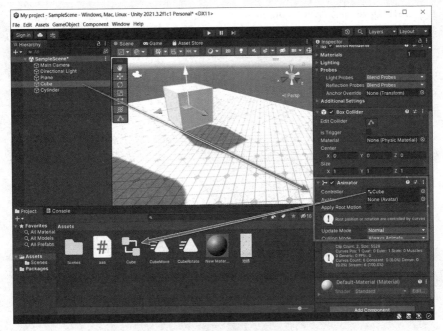

图 2-1-13 Cube 的动画控制组件

因此需要双击资源区里的 Cube 动画控制器，如图 2-1-14 所示，可以看到里面已经有 Entry 状态自动转换到 CubeRotate 这个动画片段，当我们做完动画直接单击运行时，只能看到 Cube 在旋转。而没有箭头指向 CubeMove 这个动画片段，因此无法看到 Cube 移动的动画。

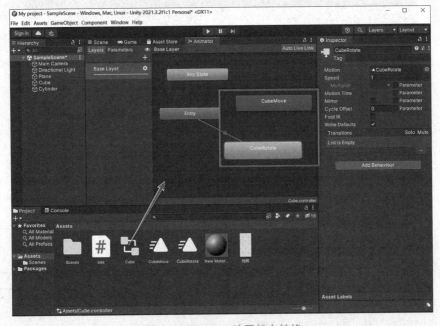

图 2-1-14 Cube 动画状态转换

如图 2-1-15 所示，在 CubeRotate 动画状态上右击，选择 Make Transition 就生成了从 Cube 旋转到 Cube 移动的自动过渡。此时如果单击运行，就可以看到场景里的 Cube 先旋转后自动移动的动画。

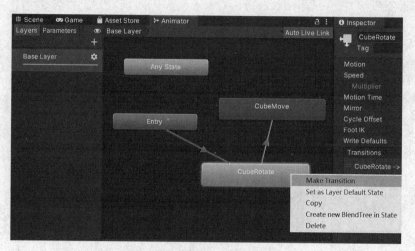

图 2-1-15 创建动画片段之间的状态转换

如果不想让动画自动切换，而是受用户控制进行切换，如按下某按键进行状态转换，需要添加 Parameters 参数，例如创建 Bool 类型的参数，如图 2-1-16 所示，这里起名为 StartMove。

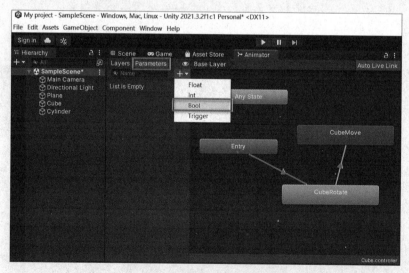

图 2-1-16 创建 Bool 类型参数

选中从 CubeRotate 到 CubeMove 之间的状态转换箭头，如图 2-1-17 所示，设置检视视图中的参数"Conditions"，可以看到，只有当 StartMove 的 bool 类型的参数为 true 时，此处状态转换条件成立。

按照同样的方法，可以设置从 Cube 移动到 Cube 旋转的状态，如图 2-1-18 所示。

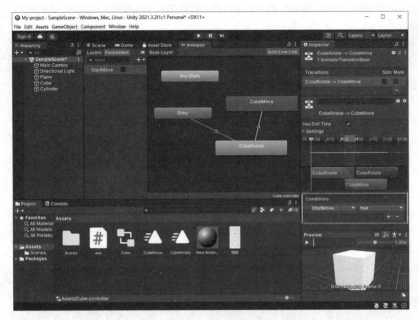

图 2-1-17 设置状态转换条件

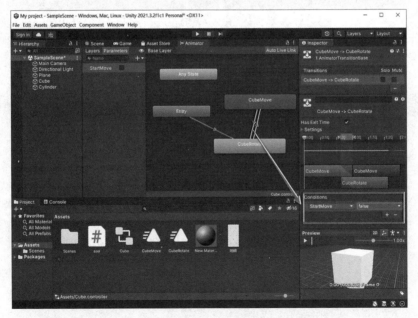

图 2-1-18 设置 Cube 移动到旋转的动画转换条件

知识点4 动画控制脚本

1. Bool 类型参数的控制方法 SetBool()

Animator 组件提供 SetBool（"Bool 类型参数名称 ",true[false]）的方法。

按照"项目 1 知识点 4"介绍的组件方法的使用规则。

动画控制
脚本 .mp4

> 游戏对象 . 组件 . 方法 (具体行为的参数)

可以写出：

```
GameObject.Find("Cube").GetComponent<Animator>().SetBool("StartMove",true);
// 或者
GameObject.Find("Cube").GetComponent<Animator>().SetBool("StartMove",false);
```

2. Triger 类型参数的控制方法

与上面类似，Animator 组件提供 SetTrigger（"Trigger 类型参数名称"）的方法。

举例来说，在已经按照知识点 3 做好状态转换设置后，如何编写代码控制 Cube 在游戏运行时进行状态转换，如按 M 键进行移动，按 R 键进行旋转。首先，新建一个脚本文件，然后，编写代码并拖曳脚本文件到 Cube 对象，代码如下：

```
void Update()
{
    if(Input.GetKeyDown(KeyCode.M))
    {
        GameObject.Find("Cube").GetComponent<Animator>().SetBool("StartMove", true);
    }
    if(Input.GetKeyDown(KeyCode.R))
    {
        this.GetComponent<Animator>().SetBool("StartMove", false);
    }
}
```

> **注 意**
>
> 由于我们把代码放在 Cube 对象上，因此可以用 this 来代替 GameObject.Find（"Cube"），符合 C# 语言的语法规则。

 任务实施

步骤 1　用 3ds Max 制作一个简易的小女孩模型

打开 3ds Max，利用创建面板的长方体、球和圆柱体，如图 2-1-19 所示，摆成卡通女孩模型。

初识动画
制作流程
.mp4

> **注 意**
>
> 观察左视图小女孩脸的朝向和长发的位置，只有模型脸朝向屏幕的外面，在 Unity 中才能朝向 Z 轴正方向。

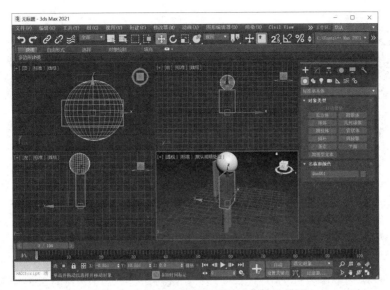

图 2-1-19　利用常见图形摆放成小女孩模型

步骤 2　制作小女孩"呆立"的动画

选中小女孩的长发,对其进行旋转摆动的动画制作。首先在右侧层次面板找到"仅影响轴",移动头发长方体的轴到小女孩的后脑位置,然后关闭"仅影响轴",在制作头发摆动时以后脑为轴进行旋转。制作小女孩"呆立"动画的 key 帧,如图 2-1-20 所示,并导出"GirlStandby.FBX"文件。

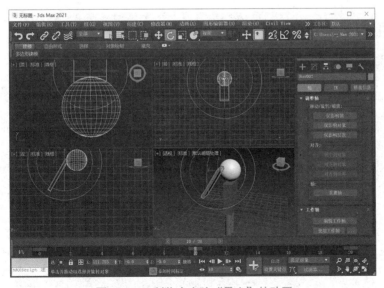

图 2-1-20　制作小女孩"呆立"的动画

步骤 3　制作小女孩"跑动"的动画

分别选中小女孩的双腿,进行旋转动画的 key 帧制作,并导出 GirlRun.FBX,如图 2-1-21 所示。

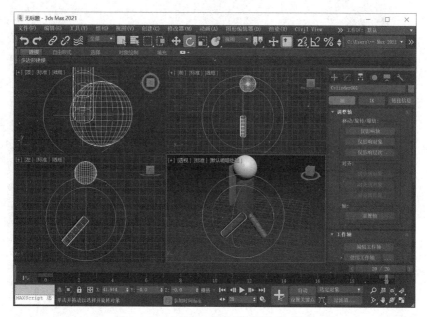

图 2-1-21　制作小女孩"跑动"的动画

步骤 4　制作动画控制器

拖曳两个 FBX 文件到 Unity 资源区，并拖曳 GirlStandby 资源到场景中，此时可以看到女孩脸朝向 Z 轴正方向，如图 2-1-22 所示。

图 2-1-22　拖曳小女孩"呆立"的 FBX 到场景中

在资源区新建动画控制器，起名叫 GirlAnimTrans。双击打开，把预先导入的两个 FBX 动画文件拖曳到控制器中，并创建 Bool 类型参数 Girlstandtorun，建立状态转换机制如图 2-1-23 所示。

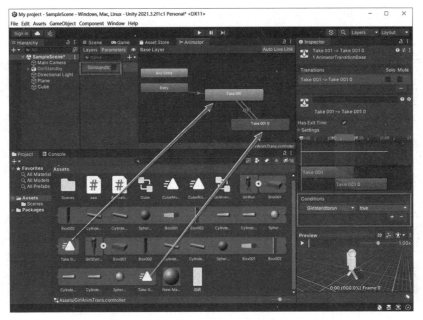

图 2-1-23　建立小女孩"呆立"到"跑动"的动画状态转换

步骤 5　编写动画控制脚本

新建脚本文件 GirlAnimTrans，编写如下代码，并拖曳到场景中的女孩对象上。

```
using System.Collections;
using System.Collections.Generic;
using UnityEngine;
public class GirlAnimTrans : MonoBehaviour
{
    void Start()
    {
    }
    void Update()
    {
        if(Input.GetKeyDown(KeyCode.M))
        {
            this.GetComponent<Animator>().SetBool("Girlstandtorun", true);
        }
        if(Input.GetKeyDown(KeyCode.R))
        {
            this.GetComponent<Animator>().SetBool("Girlstandtorun", false);
        }
    }
}
```

步骤 6　为场景中的 GirlStandby 添加 Animator 组件

选中场景中的女孩，在检视视图中添加 Animator 组件，拖曳资源区的控制器到组件的 Controller 位置,如图 2-1-24 所示。

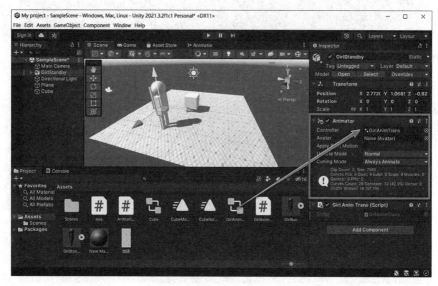

图 2-1-24　添加 Animator 组件

进行运行测试,如果头发或者腿的动画不循环播放,可设置动画资源的 Loop Time 属性,如图 2-1-25 所示。

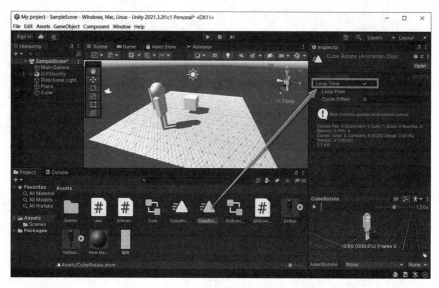

图 2-1-25　修改循环播放属性

 拓展实训

1. 实训目的

进一步练习 3ds Max 导出 FBX 设置,需要注意"烘焙动画"选项;练习 Unity 中模型的材质设置和动画设置;练习动画控制器设置;进一步巩固动画控制脚本。

2. 实训内容

（1）使用 3ds Max 打开 Jump.max 文件，按照如图 2-1-26 所示，分别导出 Stand.fbx 和 Jump.fbx。

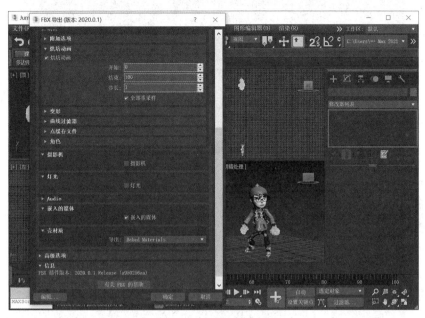

图 2-1-26　FBX 导出设置

（2）将导出的 FBX 放到 Unity 资源区，并设置 Materials 属性如图 2-1-27 所示，可以看到模型的材质就显示出来了。然后把 Stand.fbx 拖入场景中。

图 2-1-27　FBX 材质属性设置

（3）修改 Stand.fbx 的动画属性如图 2-1-28 所示，让其只循环前 7 帧。

图 2-1-28　设置 Stand.fbx 的动画属性

（4）新建动画控制器，并拖入两个 FBX 文件，设置状态转换条件参数如图 2-1-29 所示。

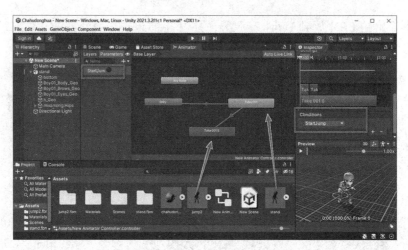

图 2-1-29　设置状态转换条件

（5）将建立的动画控制器拖到场景里的游戏对象 Stand 上，建立脚本，按空格键控制人物起跳，代码如下：

```
if(Input.GetKeyDown(KeyCode.Space))
{
    this.GetComponent<Animator>().SetTrigger("StartJump");
}
```

资源市场
.mp4

任务 2.2　资源市场的使用及场景搭建

素养目标

（1）了解国内虚拟现实资源市场现状及其与产业发展的关系。
（2）培养产品设计方面的工匠精神。

技能目标

（1）了解如何使用 Unity 资源市场。
（2）掌握第三人称角色控制。
（3）理解 UGUI。
（4）掌握网格寻路。
（5）了解粒子特效。

建议学时

6 学时。

■ 任务要求

　　从资源市场（Asset Store）下载卡通小镇、女孩和独眼蝙蝠的模型资源。建立卡通女孩的第三人称视角控制。利用网格寻路机制建立独眼蝙蝠对卡通女孩的自动追逐。为卡通女孩和独眼蝙蝠建立合适 UI 实现血量显示，导入粒子特效资源包。

知识准备

知识点1　资源市场（Asset Store）

　　Unity 的资源市场又叫资源商店，存放了很多 Unity 官方和社区成员创建的免费或商用的资源。有各种各样的资源可供开发人员选用，从纹理、模型和动画到完整的工程实例、教程和编辑器（Editor）扩展一应俱全。用户可通过 Unity 中内置的简单界面访问和下载资源，并将其直接导入项目工程。

　　一般首次使用可以通过 Window 下拉菜单单击 Asset Store，然后单击 Search online 按钮会打开资源商店的官方网站，使用 Unity 账号登录便可以购买、收藏或下载上面的各种资源。学习者可以筛选免费资源进行场景搭建、动画制作、粒子特效下载等，如图2-2-1所示。

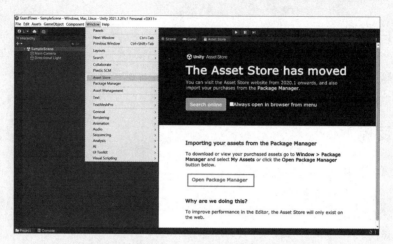

图 2-2-1　通过 Window 菜单打开资源市场

UGUI 系统
.mp4

知识点2　UGUI系统

Unity 的 UI 一般是指游戏或软件的用户界面，包括游戏画面中的按钮、动画、文字、声音、窗口等与游戏用户直接或间接接触的游戏设计元素。自 Unity 4.6 版本开始，Unity 官方推出了自己的 UI 插件 UGUI 系统，随着几个新版本的更新，UGUI 系统已经相当成熟，使用 UGUI 制作 UI 更加方便和快捷。如图 2-2-2 所示，UI 菜单中是一些常见的用户界面对象，用户可以通过此菜单添加用户界面对象到场景中。

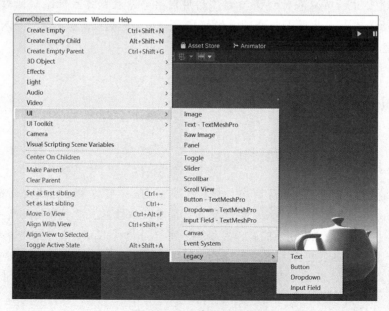

图 2-2-2　用户界面对象

1. 画布（Canvas）

每个 GUI 控件必须是画布的子对象。当选择菜单下的 GameObject→UI 命令来创建一个控件时，如果当前不存在画布，那么将会自动创建一个画布。

UI 元素的绘制顺序依赖于它们在 Hierarchy 视图的顺序。如果两个 UI 元素重叠，则后添加的 UI 元素会在之前添加的 UI 上面。如果要修改 UI 元素的顺序，应在 Hierarchy 视图中进行拖曳排序。画布检视视图如图 2-2-3 所示，画布对象经常需要设置其渲染模式。

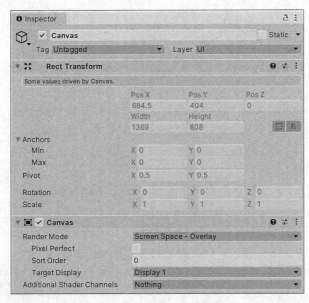

图 2-2-3　画布检视视图

渲染模式（Render Mode）的内容如下。

Screen Space-Camera：画布以特定的距离放置在指定的摄影机前，UI 元素被指定的摄影机渲染，摄影机设置会影响到 UI 的呈现。

Screen Space-Overlay：使画布拉伸以适应全屏大小，并且使 GUI 控件在场景中渲染于其他物体的前方。如果调整屏幕大小或者改变分辨率，画布将会自动改变大小以适应屏幕。

World Space：使画布渲染于世界空间。该模式使画布在场景中像其他游戏物体一样，可以通过手动调整 RectTransform 来改变画布的大小。GUI 空间可能会渲染到其他物体的前方或后方。

2. 文本（Text）

文本控件显示非交互文本。可以作为其他 GUI 空间的标题或者标签，也可以用于显示指令或者其他文本，文本组件属性如下。

- Text: 控制显示的文本。
- Font: 用于显示文本字体。
- Font Style: 文本样式，有粗体、斜体和粗斜体。

- Font Size: 文本的字体大小。
- Line Spacing: 文本字体之间的垂直间距。
- Rich Text: 是否为富文本。
- Alignment: 文本的水平和垂直对齐方式。
- Horizotal Overlow: 用于处理文本太宽而无法适应文本框的方法，选项包含自动换行、溢出。
- Venical Overlow：用于处理文本太高而无法适应文本框的方法，选项包含截断、溢出。
- Best Fit: 忽略大小属性，使文本适应控件大小。
- Color：颜色。
- Material：渲染文本的材质。

3. 图像（Image）

图像组件需要 Sprite 类型的纹理，原始图像可以接受任何类型的纹理。

- Source Image: 表示要显示的图像纹理（类型必须为 Sprite）。
- Color: 应用于图像的颜色。
- Material：材质。
- Set Native Size: 设置图像框尺寸为原始图像纹理的大小。

图像类型如下。

- Simple: 默认情况下适应控件的矩形大小。如果全启用 Preserve Aspect 选项，图像的原始比例会被保存，In 剩余的未被填充的矩形部分会被空白填充。
- Silced：图像被切成九宫格模式，图像的中心被缩放以适应矩形控件，边界仍然会保持它的尺寸。禁用
- Fill Center 选项后图像的中心会被挖空。
- Tiled: 图像保持原始大小，如果控件的大小大于原始图像大小，图像会重复填充到控件中；如果控件大小小于原始图像大小，则图像会在边缘处被截断。
- Filled: 图像显示为 Simple 类型，可以调节填充模式和参数使图像呈现出从空白到完整的填充过程。

4. 原始图像（Raw Image）

原始图像组件与图像组件类似，但是它不具有图像组件提供的动画控制和准确填充组件矩形的功能。另外，原始图像组件支持显示任何类型的纹理，而图像组件仅支持 Sprite 类型的纹理。

- Texture：表示要显示的纹理。
- Color：表示应用到图像的颜色。
- Material: 为图像着色所使用的材质。

5. 按钮（Button）

1）按钮属性

Button 是使用最广泛、功能最全面、任何模块都可用上的组件，它由 Image 和 Text 组成。

Button 组件的常用属性如图 2-2-4 所示。

图 2-2-4　Button 常用属性

- Interactable：是否可交互。勾选，按钮可交互；取消勾选，按钮不可交互，并进入 Disabled 状态。
- Transition：过渡方式，按钮在状态改变时的自身过渡方式，Color Tint，颜色改变；Sprite Swap，图片切换；Animation，执行动画。
- Target Graphic：过渡效果作用目标，目标可以是任一 Graphic 对象。
- Navigation：按钮导航，假如有 4 个按钮，这些按钮都开启了导航功能。当单击第一个时，第一个会保持选中状态，然后通过按键盘上的方向键，导航会将选中状态切换到下一个按钮上。如果第一个按钮下方存在第二个按钮，当选中第一个方向键按下时，第一个按钮的选中状态取消，第二个按钮进入选中状态。
- Normal Color：初始状态的颜色。
- Highlighted Color：选中状态或是鼠标靠近时显示的颜色。
- Pressed Color：单击或是按钮处于选中状态时的颜色。
- Disabled Color：禁用时的颜色。
- Color Multiplier：颜色切换速度，越大则颜色在几种状态间变化速度越快。
- Fade Duration：颜色变化的延时时间，越大则变化越不明显。

2）按钮触发事件

按钮触发事件添加，有以下两种方法。

方法一：直接把事件写在脚本里，然后把含有脚本的游戏对象直接拖曳至按钮对象的 On Click() 上，最后选择需要回调的方法，如图 2-2-5 所示。

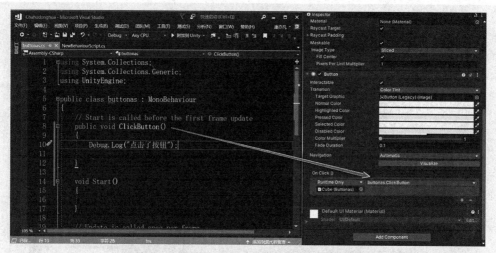

图 2-2-5　通过拖曳的形式添加单击事件

方法二：直接写如下脚本，添加到按钮上，通过使用监听事件的方法实现。

```
using System.Collections;
using System.Collections.Generic;
using UnityEngine;
using UnityEngine.UI;

public class buttonas : MonoBehaviour
{
    public void ButtonClick()
    {
        Debug.Log("单击了按钮");
    }

    void Start()
    {
        GameObject.Find("Canvas/Button").GetComponent<Button>().onClick.
        AddListener(ButtonClick);
    }
    void Update()
    {
    }
}
```

6. 滚动条（Scrollbar）

在游戏中，经常使用滚动条来显示一些游戏装备的属性，或者显示游戏角色的血量如图 2-2-6 所示，常用的属性有 Value 和 Size，在脚本中通过对这两个属性赋值来控制滚动条的状态显示。

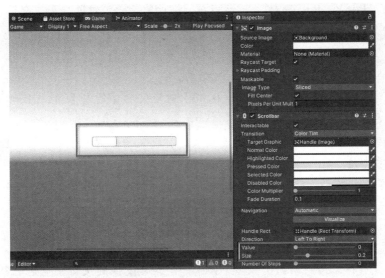

图 2-2-6　滚动条常用属性

- Direction：滚动条的方向。
- Value：当前滚动条对应的值。
- Size：操作条矩形对应的长度。

7. UI 对象的定位

UI 设计者需要了解 UI 对象都具有哪些属性的调节。

1）矩形变换（Rect Transform）

Rect Transform 是一种新的变换组件，适用于在所有 GUI 对象上代替原有的 Transform 组件。例如，在 Cube 身上的是 Transform 组件，而在 UI 对象身上的只有矩形变换组件。

矩形变换与原有变换的区别在于场景中 Transform 组件表示一个点，而 Rect Transform 表示一个可容纳 UI 元素的矩形，而且矩行变换还有锚点和轴心点的功能，如图 2-2-7 所示，例如在场景中添加 Image 用户界面对象。

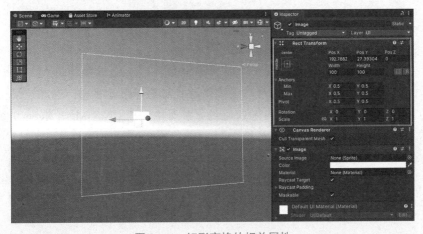

图 2-2-7　矩形变换的相关属性

- Pos X、Pos Y、Pos Z：定义矩形相当于锚点的轴心点位置。
- Width、Height：定义矩形的宽度和高度。
- Left、Top、Right、Bottom：定义矩形边缘相对于锚点的位置。
- Anchors：定义矩形的左下、右上的锚点。
- Min：定义矩形左下角的锚点，（0，0）对应父物体的左下角，（1，1）对应父物体的右上角。
- Max：定义矩形右上角的锚点，（0，0）对应父物体的左下角，（1，1）对应父物体的右上角。
- Pivot：定义矩形旋转时围绕的中心点坐标。
- Rotation：定义矩形围绕中心点的旋转角度。
- Scale：缩放系数。

2）锚点（Anchors）

矩形变换有一个锚点的布局概念。如果一个矩形变换的父对象也是一个矩形变换，作为子物体的矩形边，还可以通过多种方式固定在父物体的矩形变换上。锚点可以帮助界面设计人员快速对齐或者定位 UI 对象，如图 2-2-8 所示，当 Image 和 Button 两个 UI 对象都是 Canvas 子对象时，如果把 Image 和 Button 两个 UI 对象的锚点四个角都对齐，那么只需要把这两个 UI 对象的 Left 和 Top 都归零即可实现两者的左上角对齐。

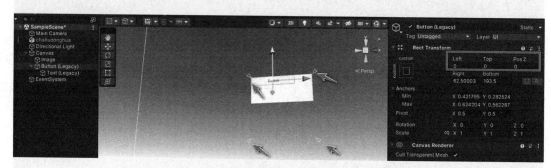

图 2-2-8　同一父对象的两个 UI 对象通过锚点进行位置对齐

网格导航与
寻路 .mp4

知识点3　网格导航与寻路

玩家在游戏里经常遇到怪兽在一个复杂的地形环境中能够躲过树木、石块或者墙壁，并且还能选择最优最短路线，最终追逐到游戏主角并展开攻击，这就是根据地形模型进行的网格导航与寻路。Unity 内可以通过导航网格代理（Nav Mesh Agent）组件（简称代理器）实现游戏里的自动寻路功能。

1. Nav Mesh Agent 组件

角色或 NPC（非玩家控制角色）关联好 Nav Mesh Agent 组件并利用该组件提供的 SetDestination() 就能够实现对目标对象的追踪，如图 2-2-9 所示。

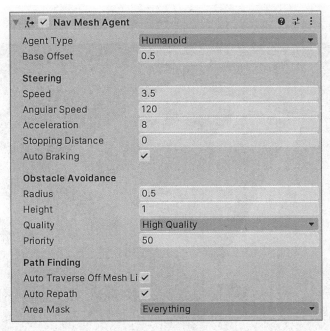

图 2-2-9　Nav Mesh Agent 组件

组件参数如下。

- Radius：代理器半径。
- Speed：代理器移动速度。
- Acceleration：代理器加速度。
- Angular Speed：代理器角速度。
- Stopping Distance：代理器到达时与目标的距离。
- Auto Traverse Off Mesh Link：是否穿过自定义路线。
- Auto Braking：是否自动停止，无法到达目的地的路线。
- Auto Repath：原有路线发生变化时，是否重新寻路。
- Height：代理器的高度。
- Base Offset：代理器相对导航网格的偏移。
- Area Mask：代理器可使用的导航网格层。

2. 寻路实例

1）烘焙导航地形网格

首先建立一个场景，利用几个 Cube 进行缩放，加上一个 Plane 组成类似迷宫的地形，如图 2-2-10 所示。

框选这个地形，选择 Window → AI → Navigation 菜单命令，打开导航面板，勾选 Navigation Static，并在 Bake 选项卡中单击 Bake 按钮对地形进行烘焙。可以看到场景中平面按照周围的墙体建立一个绿色的可寻路区域，如图 2-2-11 所示。

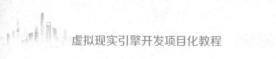虚拟现实引擎开发项目化教程

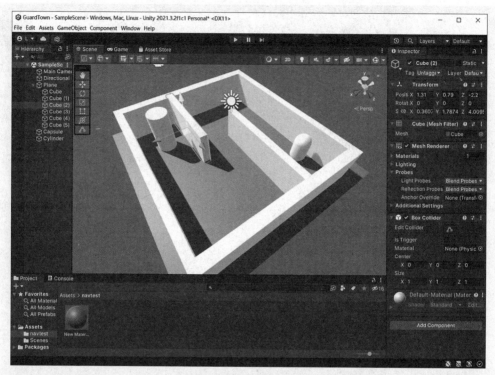

图 2-2-10 迷宫地形

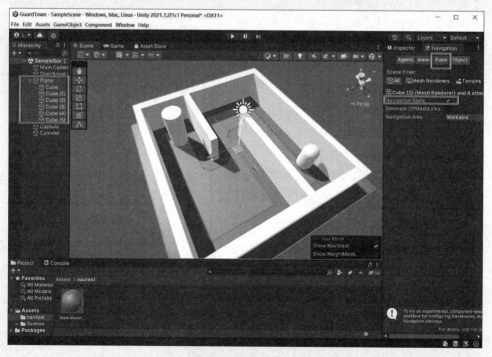

图 2-2-11 烘焙地形

2）给实施追踪的游戏对象添加导航网格代理组件

场景中胶囊体是实施追踪的敌人，圆柱体是被追的角色。因此选中胶囊体为其添加代理器，如图2-2-12所示。

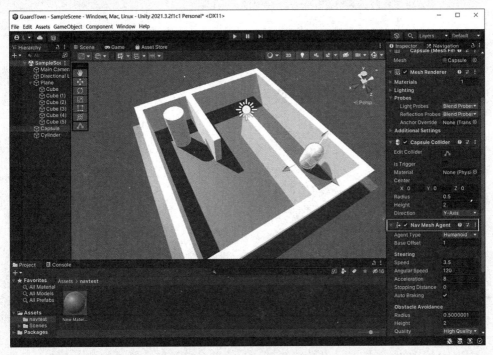

图2-2-12　添加导航代理器

3）用脚本给代理器指定所追踪的目标对象

代码如下：

```
using System.Collections;
using System.Collections.Generic;
using UnityEngine;
using UnityEngine.AI;

public class NewBehaviourScript : MonoBehaviour
{
    Vector3 mydes; // 定义一个三维坐标变量，用来保存追踪目标的位置
    void Start()
    {
        mydes = GameObject.Find("Cylinder").GetComponent<Transform>().
        position;
        // 获得追踪目标位置
        this.GetComponent<NavMeshAgent>().SetDestination(mydes);
    }
```

```
void Update()
{
    //this.GetComponent<NavMeshAgent>().SetDestination(mydes);
    //也可以实时更新目标位置，以便追踪运动目标
    }
}
```

粒子系统
.mp4

知识点4 粒子系统（Particle System）

粒子系统是 Unity 内的一个专门用于制作火焰、雨雪、烟雾和爆炸等特效的系统，是一个比较复杂的系统，有几百个可以控制和设置的参数选项，用户可以通过这些参数的调节并配合材质贴图制作出非常多的特效。

下面是一些最基本的参数设置。

- Duration：持续时间。这里是指"粒子生成器"持续生成粒子的时间。
- Looping：控制特效是否循环播放。很多时候特效是不需要循环播放的，比如角色的某个技能特效，只有当角色释放该技能时播放一次就够了。
- Start Delay：启动延迟。一个真正的特效往往是由几个单独的小特效组合而成，特效与特效之间的播放是有先后顺序的，可以使用这里的启动延迟来控制。
- Start Lifetime：生命周期，控制粒子的存活时间。也就是粒子从"粒子生成器"中生成到该粒子消失之间的时长。
- Play On Awake：唤醒时自动播放。一般情况这个选项是取消勾选的。如果勾选了该选项，那么在游戏运行那一刻就会自动播放；但其实游戏中大部分的特效是不能自动播放的，而是需要程序员根据具体的技能和具体的操作来控制播放。

粒子系统常用的方法有 Play() 和 Stop()。

- Play()：控制某个粒子开始播放，其实就是控制"粒子生成器"开始生成粒子。
- Stop()：控制某个粒子停止播放，其实就是控制"粒子生成器"停止生成粒子。

资源市场
的使用及
场景搭建
.mp4

🔖 任务实施

步骤 1 在 Asset Store 下载资源模型

新建一个 Unity 的 3D 项目，项目名称命名为 GuardTown，打开 Asset Store 面板中的 Search online，在官网商店登录自己的账号后，在 3D 菜单里找到"环境"，如图 2-2-13 所示。

然后，在打开的页面右侧找到"价格"，选中"免费资源"，筛选后，找到如图 2-2-14 所示的场景。

也可以在搜索栏直接搜索 RPG Poly Pack-Lite。单击"在 Unity 中打开"按钮，此时会自动打开 Unity 里的"资源包管理器（Package Manager）"面板，单击 Import 按钮，就可以导入资源区里，如图 2-2-15 所示。

图 2-2-13　在官方市场搜索环境资源

图 2-2-14　官方资源市场里的小镇场景

图 2-2-15　资源包管理器（Package Manager）

在资源区找到如图 2-2-16 所示的场景文件，双击打开，就可以在场景里看到。到此，游戏场景"卡通小镇"就已经准备完毕。

图 2-2-16　打开场景文件

接下来要进行碰撞器设置，角色因为重力会与地面发生碰撞，所以需要给所有地面添加 Mesh Collider 组件，如图 2-2-17 所示，选择相应的地面，在监视面板添加组件 Mesh Collider。

图 2-2-17　给地面添加碰撞器组件

步骤 2　角色及相关组件添加

1）添加游戏主角

利用添加场景的方法，在资源商店网站上找到 Query-Chan 角色资源，如图 2-2-18 所示。

图 2-2-18 资源商店游戏角色

同样导入资源区后，如图 2-2-19 所示，在 Prefab 文件夹里找到所需要的预制件拖曳到场景中。

图 2-2-19 游戏角色存放的目录

在层级视图中选择刚导入的预制件，右击 Prefab → Unpack 解绑预制件，使其与资源里的预制件失去关联后，删除其检视视图中的 3 个脚本（因为要重新编写自己的脚本），如图 2-2-20 所示。

可以从层级面板看出 Query-Chan-SD_Saitama 对象其实是一个空对象加上一个声音源组件。为了后期查找方便，我们改名为 Girl，并且清空其子对象 SD_QUERY_24 的 Animator 组件的 Controller 的值（因为我们要自己做动画控制器，清空前可以双击一下看看自带的动画控制器是如何控制的，并可以从中找到各个动画在资源区的存放位置），如图 2-2-21 所示。

先选中摄影机按 Ctrl+Shift+F 组合键对齐到当前视角，以便调试动画时可以在游戏视角观察。然后在资源区新建一个文件夹 Myfolder，用来存放新增的资源，如动画控制器、脚本等。随后在 Myfolder 里新建一个动画控制器，命名为 MyAnimCtrl 并双击打开。如图 2-2-22 所示，找到如下动画拖入 MyAnimCtrl。

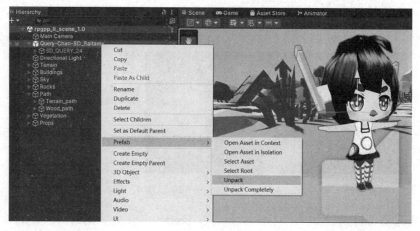

图 2-2-20　解绑预制件

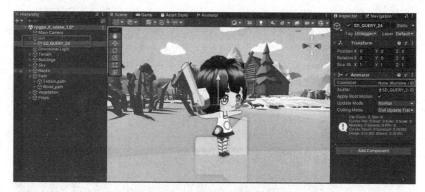

图 2-2-21　删除自带动画控制器

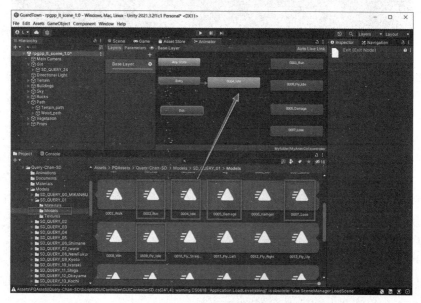

图 2-2-22　动画拖曳到动画控制器

在动画控制器里增加 Bool 类型的参数，建立如图 2-2-23 所示的转换条件。每个转换箭头对应一个 Bool 参数，其中 Fly_idle 对应的是 Jump。

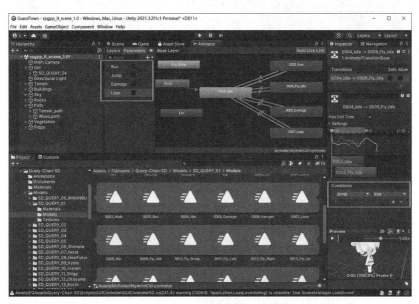

图 2-2-23　建立动画转换条件

动画控制器设置好动画转换关系后，回到场景，把新建好的动画控制器拖曳到如图 2-2-24 所示的位置。记得必须去掉 Animator 的 Apply Root Motion，选项否则动画就会驱动人物位移。

图 2-2-24　添加自己做的动画控制器

调整好摄影机的位置，并使之成为 Girl 的子对象，从而建立第三人称视角，如图 2-2-25 所示。

图 2-2-25　建立第三人称视角

2）添加敌人

在资源商店搜索 EyeBat，找到如图 2-2-26 所示的资源。

图 2-2-26　独眼蝙蝠资源下载

按照上面介绍的方法，把预制件拖曳到场景中，并给 eye 添加 Mesh Collider 组件，如图 2-2-27 所示。

图 2-2-27　给 eye 添加 Mesh Collider 组件

3）导入粒子特效素材资源包

将 Partical v2.2.unitypackage 资源包拖曳到资源区，找到粒子特效并拖曳到场景进行测试，如图 2-2-28 所示。

图 2-2-28　拖曳到粒子特效资源

步骤 3　导航网格寻路添加

按照任务 2.2 知识点 3 介绍的方法，选择想要烘焙网格导航的对象进行 Bake，如图 2-2-29 所示。

图 2-2-29　烘焙路面

给敌人 EyeBat 添加 Nav Mesh Agent 组件，并调节参数如图 2-2-30 所示，目的是由于代理器体积太小可能导致追踪失败。

步骤 4　血量 UI 添加

为游戏场景添加两个 UI 对象 ScrollBar 分别作为女孩和敌人的血条，修改颜色、相对位置的参数如图 2-2-31 所示。

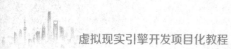

图 2-2-30　调节代理器大小

图 2-2-31　调节血条颜色和位置参数

 拓展实训

1. 实训目的

尝试在资源市场按要求检索下载角色资源；进一步练习 UGUI 对象，特别是熟练使用按钮，并理解按钮事件；熟练安卓手机端导出设置。

2. 实训内容

（1）在官网资源商店中，搜索 Free 关键词，然后，通过右侧类别筛选栏进行资源筛选，找到如图 2-2-32 所示机器人资源。

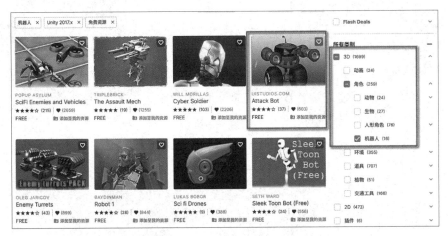

图 2-2-32　官网资源市场搜索模型资源

（2）布置两个按钮，分别控制机器人向前走和向后走，这里注意练习按钮在游戏视图的定位，如图 2-2-33 所示。

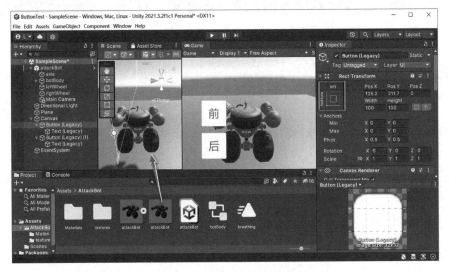

图 2-2-33　修改按钮属性

（3）利用任务 2.2 知识点 2 中关于添加按钮事件的一种方法，完成"前"按钮的按下事件。新建脚本 Btn，直接拖曳到"前"按钮上，如图 2-2-34 所示。

代码如下：

```
using System.Collections;
using System.Collections.Generic;
using UnityEngine;
```

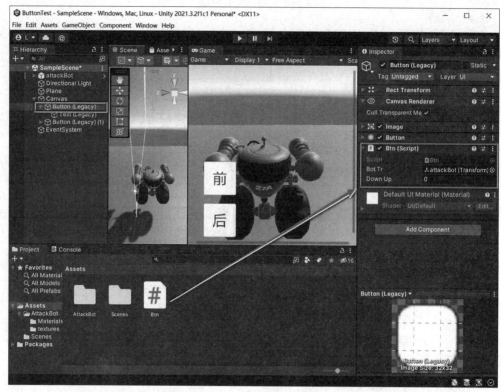

图 2-2-34 "Btn"脚本添加到"前"按钮上

```
using UnityEngine.UI;
using UnityEngine.EventSystems;

public class Btn : MonoBehaviour, IPointerDownHandler, IPointerUpHandler
{
    public Transform BotTr;
    public int DownUp = 0;

    void Start()
    {
    }
    void Update()
    {
        BotTr.Translate(Vector3.forward * 0.1f*DownUp);
    }
    public void OnPointerDown(PointerEventData eventData)
    {

        //Debug.log("按下！！！！")
        DownUp = 1;
```

```
    }
    public void OnPointerUp(PointerEventData eventData)

    {
        //Debug.Log("弹起!!!!");
        DownUp = 0;

    }
}
```

 注 意

OnPointDown 和 OnPointUp 事件,需要引用 UnityEngine.EventSystems 命名空间,并在脚本继承的 MonoBehaviour 后面加入接口。

（4）新建 Btn2 脚本,并拖曳到游戏对象"attackBot"上,给"后"按钮添加 EnvetTrigger 组件完成控制机器人向后运动的任务,比较与（3）中做法的不同,如图 2-2-35 所示。

图 2-2-35 添加事件触发组件

代码如下:

```
using System.Collections;
using System.Collections.Generic;
using UnityEngine;
```

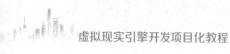

```
public class Btn2 : MonoBehaviour
{
    public Transform BotTr;
    public int DownUp = 0;
    void Start()
    {

    }

    void Update()
    {
        BotTr.Translate(Vector3.back * 0.1f * DownUp);
    }

    public void OnPointerDown()

    {

        //Debug.Log("按下！！！！");
        DownUp = 1;

    }
    public void OnPointerUp()

    {
        //Debug.Log("弹起！！！！");
        DownUp = 0;

    }
}
```

任务 2.3 游戏角色逻辑制作

素养目标

（1）培养学生实践责任心和团队协作精神。
（2）培养学生"求真务实、勇于创新"的科学精神。

技能目标

（1）理解角色跳跃逻辑。

（2）掌握粒子碰撞的方法。

（3）掌握场景重载和跳转的方法。

 建议学时

10 学时。

■ **任务要求**

　　编写游戏交互逻辑脚本，实现小女孩角色落地才能起跳问题。实现小女孩键盘鼠标控制和射线控制。实现小女孩对独眼蝙蝠的射击。实现独眼蝙蝠对小女孩的粒子特效碰撞攻击。利用 ScrollBar 实现小女孩和蝙蝠的血量显示。实现胜利或失败后的场景跳转。

知识储备

知识点1　图层（Layer）

图层 .mp4

　　当一个项目或者场景中包含很多对象时，通常难以组织。有时，希望一些游戏对象只能被某些摄影机看到或者只会被某些灯光照亮；有时，希望只让某些类型的对象之间发生碰撞，在 Unity 中可以用图层（Layer）处理上述需求。这里应该注意，"图层"并不是平面设计软件里的图层，也不是平面的概念，而是可以理解为能被特定对象影响的一批对象。因此也可以简单地称为"层"。

　　以下是常见的图层作用。

　　1. 图层可以排除不被灯光照亮的对象

　　如果是在创建自定义的用户界面、阴影系统或者使用复杂的光照系统，就会发现这个功能很有用。为了阻止图层被灯光照亮，可以选择灯光对象，然后在对应的 Inspector 视图中单击剔除蒙版（Culling Mask）属性，最后取消选择想忽略的图层，如图 2-3-1 所示。

　　2. 图层告诉 Unity 哪些对象之间可以进行物理交互

　　Unity 中普遍使用碰撞器来实现各个物体的碰撞体积，例如 Box Collider、Sphere Collider。在实现游戏的过程中，如果不想要物体与特定物体发生碰撞，反之，只想让碰撞发生在特定物体之间，我们就需要配置碰撞矩阵（Layer Collision Matrix）。执行 Edit → Project Settings → Physics 菜单命令，勾选 Layer Collision Matrix 属性，它们之间就会发生碰撞，否则就取消勾选，如图 2-3-2 所示，取消了 player 层和 Not Collider With Player 层之间的碰撞。

　　3. 使用图层定义摄影机可以看到什么以及不能看到什么

　　如果想为某个玩家使用多个摄影机构建自定义的视觉效果，就可以使用这个功能。要忽略图层，只需单击摄影机组件上的 Culling Mask 下拉菜单（与灯光设置类似），取消选择不希望显示的图层即可。

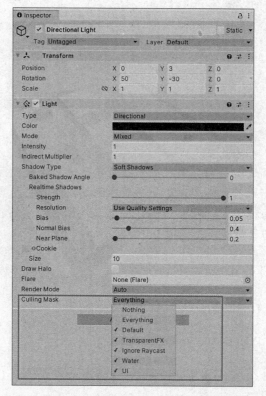

图 2-3-1　剔除灯光层或灯光遮罩层

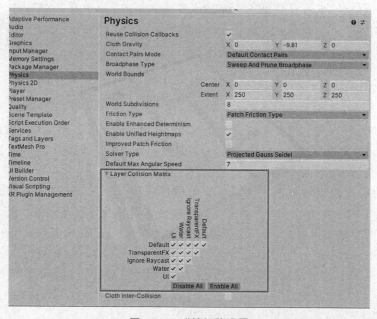

图 2-3-2　碰撞矩阵设置

　　例如在本项目中，第三人称视角游戏主角需要进行跳跃行为，我们可以利用给主角添加一个向上的力来实现跳跃，但主角跳起来之后不能连续在空中再次起跳，因此必须判断落地后才能起跳，而地面环境比较复杂，主角落地和落到某些对象上应该都算"落地"，如果逐一对所有"地面"进行判断，会造成代码冗长，因此需要把这些"地面"对象设置成一个 Layer，仅需判断是否碰撞到这个 Layer 即可。如果把"地面"物体都设置为 8 号 Layer，那么 if 语句可以写成：

```
Void OnCollisionEnter(Collision collision)
{
  if(collision.gameobject.layer==8)
  {

  }
}
```

可以在 Inspector 视图中如图 2-3-3 所示的位置进行 Layer 切换和新建。

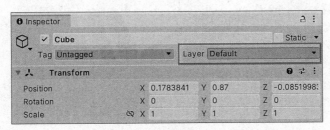

图 2-3-3　新建和切换 Layer

也可以在 Edit 下拉菜单中找到 Project Settings，在打开如图 2-3-4 所示的面板中添加 Layer。

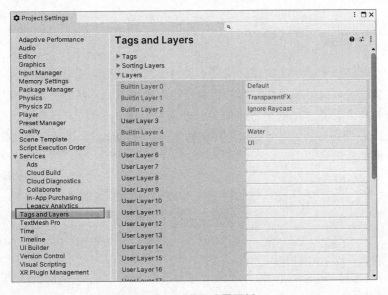

图 2-3-4　项目设置面板

游戏对象追
逐与距离判
断 .mp4

知识点2　游戏对象追逐与距离判断

游戏中，我们经常要判断角色之间的距离，比如，当主角距离敌人 1m 范围内时，敌人发起攻击。可以用两个位置向量相减取绝对值的方法，代码如下：

```
private void Update()
{
    distance = (enenmy.position - player.position).magnitude;
    if (distance<1)
    {
        // 播放敌人攻击动画
        // 角色掉血
    }
}
```

也可以使用 Vector3 提供的距离函数实现，代码如下：

```
private void Update()
{
    distance = Vector3.Distance(enenmy.position , player.position);
    if (distance<1)
    {
        // 播放敌人攻击动画
        // 角色掉血
    }
}
```

粒子碰撞
.mp4

知识点3　粒子碰撞

游戏中，我们经常看到敌人以火焰或者火球等粒子特效的形式攻击主角，这就需要检测粒子与其他对象的碰撞问题，在其他对象带有碰撞器的前提下，我们需要对粒子特效进行相关的属性设置，才能进行代码的粒子碰撞检测。如图 2-3-5 所示，需要选中粒子特效，设置 Collision 属性的 Type 为 World，然后勾选 Send Collision Messages。

粒子碰撞事件代码如下：

```
private void OnParticleCollision(GameObject other)
{
    if (other.name == "主角")
    {
        Debug.Log("碰撞到了主角");
    }
}
```

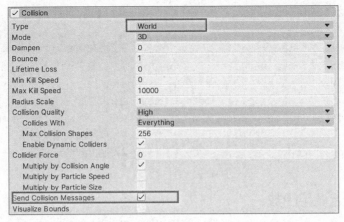

图 2-3-5　设置粒子碰撞所必需的属性

知识点4　场景跳转

游戏玩家在一个地图或者游戏一关卡中完成任务后，经常要跳转到下一个地图或者关卡，这时候就需要进行场景的跳转。可以利用 SceneManager. LoadScene() 进行场景的跳转。其中此方法需要引用 UnityEngine.SceneManagement 命名空间，传递的参数可以是场景名称或者场景编号，场景名称是用户保存在 Assets 视图里的场景的名字，如图 2-3-6 所示。

场景跳转
.mp4

图 2-3-6　场景名称

场景编号可以在 File 菜单中的 Build Settings 面板里进行查看，如图 2-3-7 所示。

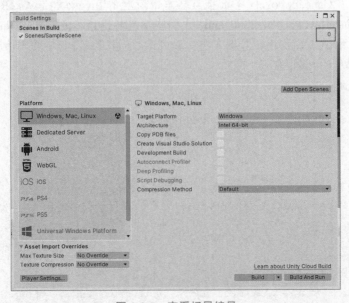

图 2-3-7　查看场景编号

常用的场景跳转代码如下：

```
SceneManager.LoadScene (0);                     // 加载编号为 "1" 的场景
SceneManager.LoadScene ("SampleScene"); // 加载名称为 "SampleScene" 的场景
SceneManager.LoadScene ("Scenes/SampleScene");
                        // 加载 "Scenes" 目录里的名称为 "SampleScene" 的场景
SceneManager.LoadScene (SceneManager.GetActiveScene ().name);
                                                // 重新加载当前场景
Application.Quit ();                             // 退出游戏或应用
```

延迟调用
函数.mp4

知识点5　延迟调用函数

在 Unity 项目中经常需要延迟一段时间后去执行某个操作，如一款游戏里，当角色走到一个地方，那里有一扇门须等待 2s 才打开，或者有个机关，须等待 3s 才启动，并且以后每间隔 2s 都会启动一次。再如，对一个物品进行文字介绍，文字的出现方式是每隔 1s 打出一个字，实现打字机效果，这些都会用到延迟调用函数。下面介绍两个迟调用函数。

1. Invoke 函数

void Invoke（string methodName,float time）：指在等待 time 秒的时间之后，再调用 methodName 方法。

2. InvokeRepeating 函数

void Invoke（string methodName,float time,float delayTime）：指在等待 time 秒的时间之后，再调用 methodName 方法，并且每隔 delayTime 秒再去调用 methodName 方法。

当使用了 InvokeRepeating 后会一直执行，这时达到了条件后，如果想要停止这个方法，就需要使用 CancelInvoke() 停止当前脚本中所有的 Invoke 和 InvokeRepeating 方法，也可以使用 CancelInvoke（"methodName"）停止反复延迟执行的 methodName 方法。

例如，使用 UGUI 的 Text 对象实现一段文字 3s 后开始打出，每秒打出一个字的打字机效果，可以使用如下代码。

```
Using UnityEngine.UI;
Public class wenziKongzhi:MonoBehaviour{
 String zifuchuan=" 这段文字需要一个字一个字打出 ";
Int weizhi=0;
Void Start(){
    GameObject.Find("Text").GetComponent<Text>().text="";
    InvokeRepeating("DaZi",3f,1f);
}
Void DaZi(){
    If(weizhi<zifuchuan.Length){
        GameObject.Find("Text").GetComponent<Text>().text= GameObject.
        Find("Text").GetComponent<Text>().text+zifuchuan.Substring(weizhi,1);
```

```
        Weizhi++;
    }
}
```

知识点6　射线检测

射线检测
.mp4

　　射线是在三维世界中从一个点沿一个方向发射的一条无限长的线。在射线的轨迹上，一旦与添加了碰撞器的模型发生碰撞，就会停止发射。射线检测就是由某一物体发射出一条射线，射线碰撞到物体之后，可以得到该物体的相关信息，然后即可对该物体进行操作。

　　例如，在第一人称射击游戏里，机枪打到敌人，并不是枪发射出实体子弹，而是可以理解为从摄影机位置，沿着摄影机方向发射了一条激光射线，射线碰到敌人身上的碰撞器，返回了敌人的相关信息，然后让敌人播放受伤动画并减少血量。该射线的特点是给一个点和一个方向就能确定一条射线。以下是发射该射线的常用代码片段。

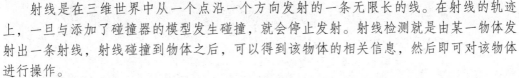

```
void Update()
{
    Ray ray = new Ray(transform.position, transform.forward);
    // 声明一个 Ray 结构体，用于存储该射线的发射点和方向
    RaycastHit hitInfo;
    // 声明一个 RaycastHit 结构体，存储碰撞信息
    if(Physics.Raycast(ray, out hitInfo))
    {
        Debug.Log(hitInfo.collider.gameObject.name);
        // 这里使用了 RaycastHit 结构体中的 collider 属性
        // 因为 hitInfo 是一个结构体类型，其 collider 属性用于存储射线检测到的碰撞器
        // 通过 collider.gameObject.name，来获取该碰撞器的游戏对象的名字
    }
}
```

　　又如，在某些游戏中，玩家用单击屏幕里的某个点，游戏角色自动走到该点，可以理解为从摄影机发射了一条射线到单击的位置，留下了这个点的碰撞位置信息，然后让角色追逐到该点。该射线是摄影机射线，以下给出摄影机射线的代码片段。

```
using System.Collections;
using System.Collections.Generic;
using UnityEngine;

public class Test : MonoBehaviour {
```

```
Ray ray;
void Update()
{
    // 使用主摄影机创建一条射线，射线的方向是鼠标点的位置（从摄像头位置到鼠标点位
       置的一条射线）
    ray = Camera.main.ScreenPointToRay(Input.mousePosition);
    // hit 用于存储碰撞信息
    RaycastHit hit;
    // 如果射线碰撞到了游戏物体，就执行 if 里面的语句块，Mathf.Infinity 代表射线
       的长度为射线的最大长度
    if(Physics.Raycast(ray, out hit, Mathf.Infinity))
    {
        // 在场景中控制台输出游戏物体的标签名
        Debug.Log(" 射线碰撞到游戏物体的标签名 : " + hit.collider.tag);
        // 在场景中控制台输出游戏物体的名称
        Debug.Log(" 射线碰撞到游戏物体的名字 : " + hit.collider.name);
        // 在场景中发射出一条红色的射线（该条射线在 Game 场景中看不到，只能在
           Scene 场景中看到）
        Debug.DrawLine(ray.origin, hit.point, Color.red);
    }
}
}
```

以上两种射线均应注意：要检测的物体身上一定要有 Collider 组件，Collider 组件上的 IsTrigger 属性是否勾选不影响射线检测。如果要检测的物体身上没有 Collider 组件，那么射线检测不到该物体的存在。

  任务实施

步骤 1　编写女孩控制脚本

新建一个脚本文件，命名为 GirlCtrl。此脚本主要解决：用键盘控制女孩的奔跑、跳跃；用鼠标控制女孩和摄影机的旋转；相关的动画播放和停止；用键盘发射子弹。

首先，为了让代码简洁，需要定义几个常用的变量：因为要控制女孩的运动，所以定义变量 Girltrans 存放女孩的 Transform 组件，以便后期调用其组件的 Translate() 和 Rotate()；因为要控制女孩跳跃，所以定义变量 Girlrig 存放女孩 RigidBody 组件，用来后期调用 AddForce()；因为要对女孩的移动、跳跃进行动画状态控制，所以定义 Girlanim 存放女孩子对象 SD_QUERY_24 上的 Animator 组件，用来调用 SetBool()；因为要发射球形子弹，需要对子弹原型进行复制，所以定义 Ballorg 存放子弹预制件；因为发射子弹时需要复制子弹，并从枪口位置打出去，所以需要定义 Guntrans 存放枪口的位置、角度信息的 Transform 类型。

变量作用范围均为 public，如图 2-3-8 所示。

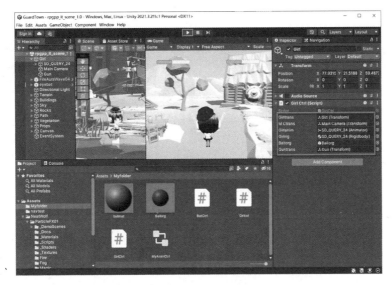

图 2-3-8 变量设置

因为要进行子弹发射，所以需要在女孩身上放置一个空对象，命名为 Gun，如图 2-3-9 所示，放在女孩正前方，并斜向上旋转一定角度，为的是子弹能沿着 Gun 的局部 Z 轴正方向发射，可以理解为子弹发出来的方向，以便可以击中飞行的敌人。还要建立一个红色球形预制件，作为子弹的原型，用来在按下鼠标左键时不断复制。

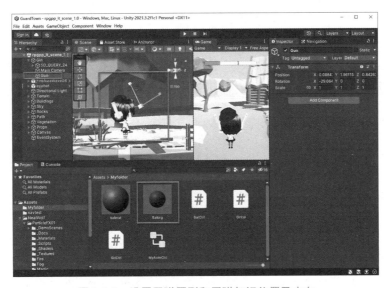

图 2-3-9 设置子弹原型和子弹初识位置及方向

GirlCtrl 脚本代码如下：

```
using System.Collections;
using System.Collections.Generic;
using UnityEngine;
```

```
public class GirlCtrl : MonoBehaviour
{
    public Transform Girltrans;
    public Transform MCtrans;
    public Animator Girlanim;
    public Rigidbody Girlrig;
    public GameObject Ballorg;
    public Transform Guntrans;

    void Start()
    {

    }

    void Update()
    {
        Girltrans.Rotate(Vector3.up * Input.GetAxis("Mouse X"));
        MCtrans.Rotate(Vector3.left * Input.GetAxis("Mouse Y"));
        if(Input.GetKey(KeyCode.W))
        {
            Girltrans.Translate(Vector3.forward * 0.01f);
            Girlanim.SetBool("Run", true);

        }
        if(Input.GetKey(KeyCode.S))
        {
            Girltrans.Translate(Vector3.forward * -0.01f);
            Girlanim.SetBool("Run", true);

        }
        if(Input.GetKey(KeyCode.A))
        {
            Girltrans.Translate(Vector3.left * 0.01f);
            Girlanim.SetBool("Run", true);

        }
        if(Input.GetKey(KeyCode.D))
        {
            Girltrans.Translate(Vector3.left * -0.01f);
            Girlanim.SetBool("Run", true);

        }
        if(Input.GetKeyUp(KeyCode.W)|| Input.GetKeyUp(KeyCode.S)|| Input.GetKeyUp(KeyCode.A)|| Input.GetKeyUp(KeyCode.D))
        {
```

```
        Girlanim.SetBool("Run", false);
    }
    if(Input.GetKeyDown(KeyCode.Space))
    {
        Girlrig.AddForce(Vector3.up * 200f);
        Girlanim.SetBool("Jump", true);
    }

    if(Input.GetKeyDown(KeyCode.Mouse0))
    {
        GameObject Ballcopy;
        Ballcopy = Instantiate(Ballorg, Guntrans.position, Guntrans.
        rotation);
        Ballcopy.GetComponent<Rigidbody>().AddForce(Guntrans.forward *
        800f);
        Destroy(Ballcopy, 2f);
    }
    }
}
```

步骤 2　编写敌人控制脚本

建立 BatCtrl 脚本,挂载至敌人"独眼怪"上,添加代码完成其对小女孩的网格导航追踪,
代码如下:

```
using System.Collections;
using System.Collections.Generic;
using UnityEngine;
using UnityEngine.AI;

public class BatCtrl: MonoBehaviour
{
    Vector3 mydes;  // 定义一个三维坐标变量,用来保存追踪目标的位置
    void Start()
    {

    }

    void Update()
    {
    mydes = GameObject.Find("Girl").GetComponent<Transform>().position;
    // 获得追踪目标位置
    this.GetComponent<NavMeshAgent>().SetDestination(mydes);
    }
}
```

步骤3　代码实现子弹对敌人"独眼怪"的伤害

新建脚本 Ballhit，挂载至子弹预制件上。基本思路是：子弹进行碰撞检测，如果碰到的是敌人"独眼怪"，则让敌人播放受到攻击的动画，并给敌人的血条减量。如果血条大于0，则播放敌人 damage 动画；如果血条为0，则播放敌人 die 动画。代码如下：

```
using System.Collections;
using System.Collections.Generic;
using UnityEngine;
using UnityEngine.UI;
public class Ballhit : MonoBehaviour
{

    private void OnCollisionEnter(Collision collision)
    {
        if(collision.gameObject.name == "eye")
        {
            GameObject.Find("BatHP").GetComponent<Scrollbar>().size -= 0.1f;
            if(GameObject.Find("BatHP").GetComponent<Scrollbar>().size > 0)
            {
                collision.gameObject.GetComponentInParent<Animator>().
                SetTrigger("damage");
            }
            else
            {
                collision.gameObject.GetComponentInParent<Animator>().
                SetTrigger("die");
            }
        }
    }
}
```

步骤4　"独眼怪"发射粒子特效进行范围性攻击

首先，双击资源区预制件 FireAuraWave04，设置"FireAuraWave04"的子对象 Collision 属性，使之能够与其他碰撞器产生碰撞检测，如图2-3-10所示。

然后，修改 BatCtrl 脚本，使之可以检测与小女孩的距离，如果小于一定范围，则投掷粒子火焰圈进行范围攻击。这里要注意的是，为了避免投掷粒子特效频率过高，采用了延时调用函数，当小女孩进入敌人4m范围内时，应每隔3s投掷一次。

```
using System.Collections;
using System.Collections.Generic;
using UnityEngine;
using UnityEngine.AI;
```

图 2-3-10　设置粒子碰撞属性

```csharp
public class BatCtrl: MonoBehaviour
{
    private bool Startdrop = true;
    public GameObject FireBall;
    Vector3 mydes; // 定义一个三维坐标变量，用来保存追踪目标的位置
    void Start()
    {

    }
    void Update()
    {
        mydes = GameObject.Find("Girl").GetComponent<Transform>().position;
        // 获得追踪目标位置
        this.GetComponent<NavMeshAgent>().SetDestination(mydes);

        if(Vector3.Distance(this.transform.position, GameObject.
        Find("Girl").transform.position)<4f)
        {
            if(Startdrop == true)
            {
                InvokeRepeating("Dropfireball", 0, 3);
                Startdrop = false;
            }

        }
        else
```

```
        {
            CancelInvoke();
            Startdrop = true;
        }
    }
    void Dropfireball()
    {
        GameObject Fireballcopy;
        Fireballcopy = Instantiate(FireBall, this.transform);
        Destroy(Fireballcopy, 2f);
    }
}
```

步骤5 实现粒子特效对小女孩的伤害

新建脚本 Fireballhit，有关女孩受到攻击后的动画切换与敌人受到攻击时方法类似。
代码如下：

```
using System.Collections;
using System.Collections.Generic;
using UnityEngine;
using UnityEngine.UI;

public class Fireballhit : MonoBehaviour
{
    void OnParticleCollision(GameObject other)
    {

        if(other.name == "SD_QUERY_24")
        {
            GameObject.Find("GirlHP").GetComponent<Scrollbar>().size -= 0.01f;
        }


    }
}
```

步骤6 胜利后场景跳转

新建一个场景，按照任务 2.2 知识点 2 对于按钮的介绍，进行所需按钮的添加和设置，
并布置场景如图 2-3-11 所示。

新建一个脚本，命名为 StageClear，并挂载在 Main Camera 上，代码如下：

```
using System.Collections;
using System.Collections.Generic;
using UnityEngine;
using UnityEngine.SceneManagement;
```

图 2-3-11　胜利后的场景布置

```
public class StageClear : MonoBehaviour
{
    public void RePlayGame()
    {
        SceneManager.LoadScene(0);
    }

    public void QuitFun()
    {
        Application.Quit();
    }

}
```

对"重玩"和"退出"按钮分别设置相应单击事件，重玩按钮设置如图 2-3-12 所示。修改步骤 3 的 Ballhit 脚本,让敌人死后可以跳转到上面的 StageClear 场景。代码如下:

```
using System.Collections;
using System.Collections.Generic;
using UnityEngine;
using UnityEngine.UI;
using UnityEngine.SceneManagement;
public class Ballhit : MonoBehaviour
```

图 2-3-12 "重玩"按钮设置

```
{
    private void OnCollisionEnter(Collision collision)
    {
        if(collision.gameObject.name == "eye")
        {
            GameObject.Find("BatHP").GetComponent<Scrollbar>().size -= 0.1f;
            if(GameObject.Find("BatHP").GetComponent<Scrollbar>().size > 0)
            {
                collision.gameObject.GetComponentInParent<Animator>().
                SetTrigger("damage");
            }
            else
            {
                collision.gameObject.GetComponentInParent<Animator>().
                SetTrigger("die");
                SceneManager.LoadScene(1);
            }
        }
    }
}
```

步骤 7 游戏发布

选择 File 菜单中的 Build Setting 命令，按照如图 2-3-13 所示顺序把需要编译的场景添加进去，然后就可以直接编译成 pc 端进行测试。

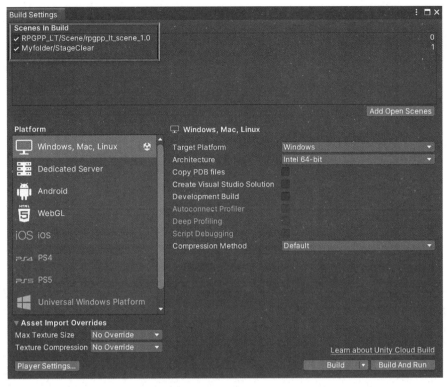

图 2-3-13　发布设置

 拓展实训

1. 实训目的

在原有键盘控制角色移动的基础上，练习使用"摄影机射线"进行第三人称角色控制，鼠标右击地面某处，人物自动移动到单击位置，思考并改进任务实施中的子弹发射机制，利用射线来击中目标敌人。

2. 实训内容

打开项目 GuardTown，在场景中添加空对象 DesPoint 用来标记射线与地面碰撞位置。新建脚本 CameraRay，变量设置如图 2-3-14 所示。

代码提示如下：

```
using System.Collections;
using System.Collections.Generic;
using UnityEngine;

public class CameraRay : MonoBehaviour
{
    public Camera mc;
    public Transform DesPoint;
```

图 2-3-14　摄影机射线变量设置

```
public Transform Girl;
public int StartMove=0;
void Start()
{

}
void Update()
{
    if(Input.GetKeyDown(KeyCode.Mouse1))
    {
        Ray myray = mc.ScreenPointToRay(Input.mousePosition);
        Debug.DrawRay(mc.transform.position, myray.direction * 1000f,
        Color.red);
        RaycastHit hit;
        if(Physics.Raycast(myray, out hit))
        {
            DesPoint.position = hit.point;
            StartMove = 1;
        }
    }
    if(Vector3.Distance(Girl.position, DesPoint.position) >
    0.5f&&StartMove==1)
    {
        Girl.LookAt(DesPoint);
        Girl.Translate(Vector3.forward * 0.1f);
    }
}
```

团队实战与验收

项目工单

项目 2 工
单 .pdf

单号	VR-ktxzbwz	团队名称		项目负责人	
编号	任务名称	基本要求	拓展与反思	工期要求	责任人
1	游戏场景搭建	1.1 从资源市场（Asset Store）下载卡通小镇、女孩、独眼蝙蝠的模型资源 1.2 建立卡通女孩的第三人称视角控制。利用网格寻路机制建立独眼蝙蝠对卡通女孩的自动追逐 1.3 为卡通女孩和独眼蝙蝠建立合适 UI 实现血量显示，导入粒子特效资源包	1.4 通过网络资源深入学习网格寻路，实现独眼蝙蝠在多个地形之间跳跃		例： 1.1 王某 1.2 李某
2	游戏角色逻辑控制	2.1 利用键盘鼠标控制女孩行为，并实现跳跃 2.2 利用键盘控制女孩发射子弹 2.3 实现敌人对女孩的追逐 2.4 实现敌人发射粒子火焰 2.5 实现主角和敌人进攻产生的血量变化 2.6 实现场景跳转	2.7 利用射线控制女孩走动 2.8 利用射线实现女孩对敌人的射击伤害		
备注	完成情况： 项目创新： 问题描述： 其他：				

项目评价

项目 2 评
价 .pdf

单号	VR-xywsjg		团队名称		
任务编号	完成情况自述	分 值	评价主题		
			学生自评	小组互评	教师评价
1.1		5			

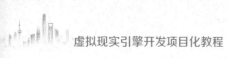

任务编号	完成情况自述	分 值	评 价 主 题		
			学生自评	小组互评	教师评价
1.2		5			
1.3		5			
1.4		5			
2.1		10			
2.2		10			
2.3		10			
2.4		10			
2.5		10			
2.6		10			
2.7		10			
2.8		10			
总分		100			

项目3

党史博物馆AR项目

项目描述

习近平总书记在党史学习教育动员大会上强调:"我们党历来重视党史学习教育,注重用党的奋斗历程和伟大成就鼓舞斗志、明确方向,用党的光荣传统和优良作风坚定信念、凝聚力量,用党的实践创造和历史经验启迪智慧、砥砺品格""回顾历史不是为了从成功中寻求慰藉,更不是为了躺在功劳簿上、为回避今天面临的困难和问题寻找借口,而是为了总结历史经验、把握历史规律,增强开拓前进的勇气和力量"。传统的党史学习被动单一,本项目是让学生在党史博物馆实地游览,通过安装 App,手机扫描陈列品附近的卡片或者物品观看视频、收听音频或文字讲解;通过 AI(人工智能)语音对话的形式进行党史的学习;App 会根据访问者所在位置进行相应的语音提示,同学们在提升专业能力的同时,也通过丰富的红色教育传播形式提升了党史学习效果。

项目重难点

项目内容	工作任务	建议学时	技 能 点	重 难 点	重要程度
使用第三方 SDK 进行声音、图像、空间的 AR 识别,完成党史博物馆的基本体验功能	任务 3.1 智能语音升旗仪式	4	利用百度语音 SDK 进行声音控制触发并搭建双目立体视觉	通过声音源组件进行声音播放控制	★★★☆☆
				理解语音识别的基本流程和代码控制方法	★★★★☆
				双目摄影机搭建	★★★☆☆
				能简单使用 VR 一体机	★★★☆☆
	任务 3.2 AR 扫图	6	能进行图像识别从而触发视频或者动画播放	通过视频播放组件进行视频播放控制	★★☆☆☆
				理解增强现实概念和常见应用	★★★★☆
				使用 EasyAR 进行图像识别操作和程序控制	★★★★☆

续表

项目内容	工作任务	建议学时	技 能 点	重 难 点	重要程度
使用第三方SDK进行声音、图像、空间的AR识别,完成党史博物馆的基本体验功能	任务3.3 AR扫环境	6	能进行简单的空间环境识别	了解空间识别的基本原理和使用流程	★★★☆☆
				稀疏空间地图的概念	★★★★☆
				稀疏空间地图的创建	★★★★☆
				稀疏空间地图的识别	★★★★☆

任务 3.1　智能语音升旗仪式

素养目标

（1）厚植爱国情怀，培养文化自信，教育学生尊重国旗，热爱国旗。

（2）规范学生操作技能，提升学生职业道德。

技能目标

（1）熟悉 Unity 声音源的播放控制、声音源（AudioSource）组件。

（2）了解并掌握百度 AI 语音的使用。

（3）掌握摄影机搭建双目立体视觉的方法。

（4）掌握常见的 VR 头盔使用方法。

建议学时

4 学时。

任务要求

　　导入升旗仪式三维模型；创建升旗动画；添加国歌声音源组件；注册百度AI 账号，生成 AI 语音所需密钥；进行 AI 语音"升国旗，奏国歌"控制；实现单目、双目及 VR 头盔应用的输出。

知识储备

声音源组件 .mp4

知识点1　声音源（Audio Source）组件

　　Audio Source 是 Unity 中的声音源组件，主要用来播放游戏场景中的音频片段

（AudioClip），AudioClip 就是导入 Unity 中的音频文件。Unity 可导入的音频文件格式有 AIF、WAV、MP3 和 OGG。此外，Audio Source 还可以设置播放声音的功能，增强游戏场景中的声音效果。比如游戏的背景声音、各种武器的特效声音、刀剑挥舞的声音等。如果一个游戏中没有声音，那么会降低玩家至少一半的游戏快感，声音在游戏开发和制作的过程中是非常重要的。

1. 声音源组件常用属性

- AudioClip：指定该声音源播放哪个音频文件。
- Play On Awake：勾选之后，游戏运行起来就会开始播放。
- Loop：勾选之后，声音会进入"单曲循环"状态。
- Mute：勾选之后，静音，但是音频还是处于播放状态。
- Volume：为 0 时，无声音；为 1 时，音量最大。
- Spatial Blend：设置声音是 2D 声音还是 3D 声音，0 是 2D 声音；1 是 3D 声音。2D 效果：物体与声音源的距离无关；3D 效果：物体与声音源的距离有关（模拟真实环境）。

2. 声音源组件常用方法

- Play()：播放音频剪辑。
- Stop()：停止播放音频剪辑。
- Pause()：暂停播放音频剪辑。

下面用升国旗的实例来介绍使用声音源组件的一般步骤。

（1）创建一个新项目并命名为 RaiseFlag，导入准备好的 shengqi.unitypackage 资源包，在资源区双击打开 shengqi 场景，如图 3-1-1 所示。

（2）选中"五星红旗"在其检视视图中添加 Audio Soure 组件，拖曳 Assets → flag 里的 guoge2 音频资源到 Audio Source 组件的 AudioClip 处，如图 3-1-2 所示。单击"运行"按钮进行测试，这时会发现一运行就能听到国歌。

之所以能听到国歌，是因为在 Main Camera 对象上有一个 AudioListener 组件，该组件就像"耳朵"，一个场景中只需要有一个这样的组件即可。声音源组件可以有很多，比如我们经常把背景音乐放在摄影机上，把敌人吼叫的声音放在敌人对象身上。

为了可以自由控制国歌的播放和停止，我们可以在脚本中用如下方法来实现，注意首先要关掉声音源组件的 Play On Awake 属性。

```
this.GetComponent<AudioSource>().Play();
//this.GetComponent<AudioSource>().Stop();
```

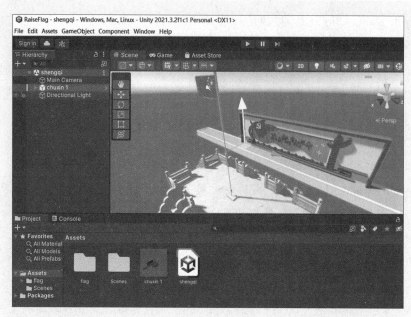

图 3-1-1 导入升旗场景文件

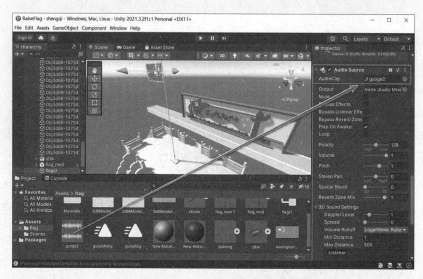

图 3-1-2 AudioClip 组件

知识点2 语音识别

语音识别
.mp4

语音识别通常称为自动语音识别（automatic speech recognition，ASR），也是目前主流 AI（人工智能）技术要解决的一个方面，主要是将人类语音中的词汇内容转换为计算机可读的输入，一般都是可以理解的文本内容，也有可能是二进制编码或者字符序列。但是，我们一般理解的语音识别其实都是狭义的语音转文字的过程，简称语音转文本识别（speech to text, STT），这样就能与语音合成（text to speech, TTS）对应起来。

国内语音识别厂家有百度和科大讯飞等。这里以百度 AI 的语音识别平台为主进行 Unity 应用学习。一般步骤如下。

（1）在百度 AI 官网注册一个免费账号，也可以使用"百度云盘"账号进行登录，如图 3-1-3 所示。

图 3-1-3　百度 AI 官网注册界面

（2）登录后，在页面上方找到"控制台"链接，进入后，在"管理视图"搜索栏搜索"语音识别"，如图 3-1-4 所示。

图 3-1-4　控制台搜索语音识别界面

（3）进入语音识别云平台后，在左侧找到应用列表，如图 3-1-5 所示。

（4）用户以个人身份创建新应用即可获得 AppID、API Key 和 Secret Key，这些信息可以复制到本地文本文件中，以备后期 Unity 使用。Unity 会使用这些密钥与百度智能云平台建立沟通，把麦克风采集的音频文件通过云端进行数据处理，传输字符串信息到用户本地，利用这样的方式，用户不用关心语音识别的人工智能算法等问题，就可以快速建立语音识别的应用。用户可以单击如图 3-1-6 所示链接，找到相应的 SDK 进行下载，并导入 Unity 进行开发。

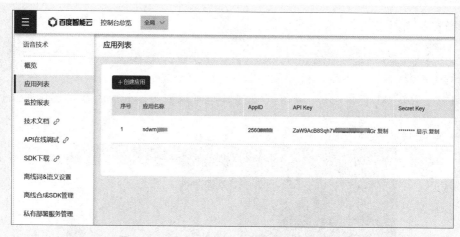

图 3-1-5　语音识别云平台中的应用列表界面

图 3-1-6　应用列表中 SDK 下载界面

下面用本书提供的含有 SDK 的资源包进行举例。

将 baiduyuyinmykey.unitypackage 资源包导入资源区，找到 AsrDemo 场景并打开，选择层级视图里的 AsrDemo 对象，在检视视图填入自己刚注册好的密钥信息，包括 API Key 和 Secret Key，如图 3-1-7 所示。

单击"运行"按钮，在游戏视图单击 Begin record 按钮，对着麦克风说出"升国旗，奏国歌"，然后单击游戏视图的 Stop record 按钮，会发现语音识别成功，通过百度智能云，返回给我们"升国旗，奏国歌。"字符串。这样，我们就可以对这个字符串进行判断处理，并控制国旗的升降，如图 3-1-8 所示。

122

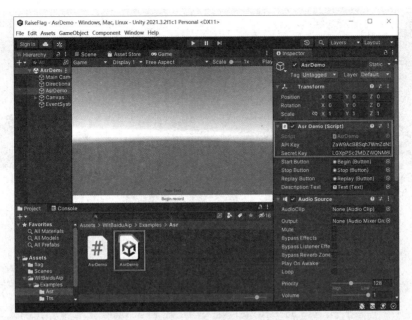

图 3-1-7 密钥信息

图 3-1-8 运行项目

知识点3 摄影机搭建双目立体视觉

双目立体视觉融合两只眼睛获得的图像并观察它们之间的差别，使我们可以获得明显的深度感，建立特征间的对应关系，将同一空间物理点在不同图像中的映像点对应起来，这个差别称作视差（Disparity）图像。

摄影机搭建
双目立体视
觉 .mp4

Unity 利用两个摄影机模拟人的两只眼睛，相隔一定距离同时在游戏场景取景，形成左右两幅独立的图像，然后利用如图 3-1-9 所示的 VR 眼镜盒，通过眼镜盒的透镜，让左眼看左边图像，右眼看右边图像，最后到达我们大脑就形成具有距离感和深度感的立体图像。

图 3-1-9　VR 眼镜盒双目视觉原理

一般我们可以自己搭建双目摄影机，也可以通过谷歌眼镜配套的 SDK 进行此类应用的开发。下面介绍搭建双目摄影机的一般方法，可以利用双目摄影机观察室内设计全景图。

首先新建一个项目，在层级视图中建立一个空对象 head，并利用 3 个摄影机分别建立其子对象，为层级关系。在 head 的位置，再建立一个球体 Sphere，如图 3-1-10 所示。

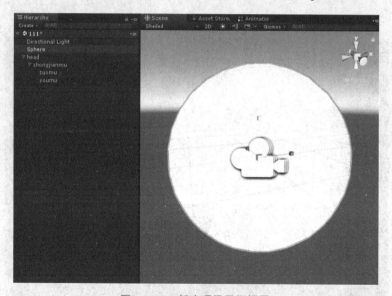

图 3-1-10　新建项目层级视图

其中摄影机 zhongjianmu 使用默认参数。作用是为了临时用一个摄影机进行预览，方便调试。摄影机 zuomu 和 youmu 相当于人的左眼和右眼，这里假设两眼之间的瞳距为 0.06m，设置参数如图 3-1-11 所示。

将资源区的室内设计全景图拖入 Sphere 形成材质。设置 Sphere 对象的材质 Shader 属性为 Sprites/Defaut，如图 3-1-12 所示。

导入 tuoluoyi 陀螺仪脚本，并添加到 zhongjianmu 对象上，设置 Cam Parent 变量如图 3-1-13 所示。导出 APK 文件，安装到安卓手机，并使用 VR 眼镜盒进行预览。

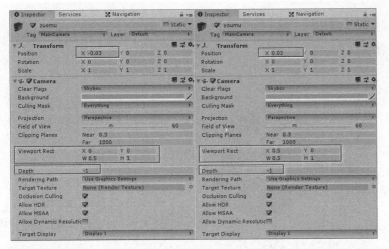

图 3-1-11　摄影机参数设置

图 3-1-12　设置 Sphere 对象材质

图 3-1-13　Cam Parent 变量设置

知识点4　VR一体机

VR 是虚拟现实的简称，"VR 一体机"就像计算机中的笔记本电脑或者一体机计算机，是将屏幕和主机融为一体的一套集成设备。通过这一整套设备，VR 一体机就成了可以

独立工作的虚拟现实头戴式显示设备。VR 一体机是具备独立处理器的 VR 头显（虚拟现实头戴式显示设备），如图 3-1-14 所示。它具备独立运算、输入和输出的功能。常见的国际上的 VR 一体机有 HTC VIVE 系列，国内近几年比较不错的主流 VR 一体机有 Pico Neo 系列。

图 3-1-14　VR 一体机

任务实施

步骤 1　制作国旗升旗动画

打开知识点 1 建立的项目 RaiseFlag，选中国旗 flagcl 对象，按 Ctrl+6 组合键打开动画面板，如图 3-1-15 所示。

图 3-1-15　动画面板

单击 Create 按钮，保存为 FlagStop 动画片段，不做任何动画。然后在左上角找到 Create New Clip…，为国旗创建 FlagRaise 动画，如图 3-1-16 所示。

按下"录制"按钮，并在第 1 帧把国旗移动到起始位置，如图 3-1-17 所示。

在时间轴上滚动鼠标滚轮，使时间轴缩放，找到并单击第 50s 位置，拖曳国旗到旗杆顶部。并弹起"录制"按钮，如图 3-1-18 所示。

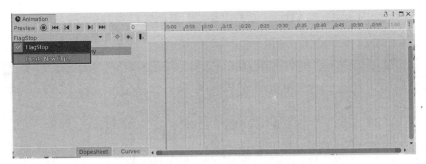

图 3-1-16　创建动画

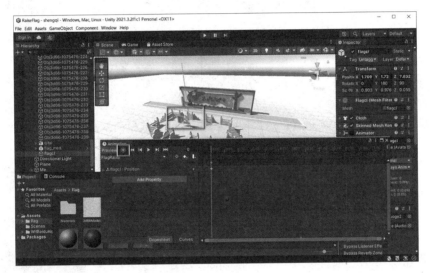

图 3-1-17　国旗位置设置

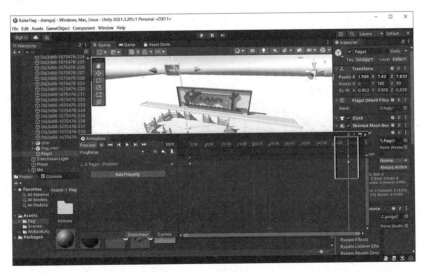

图 3-1-18　弹起录制按钮

在资源区找到自动生成的动画控制器 flagcl，双击打开后，建立从 FlagStop 到

FlagRaise 的转换，并新建一个 Triger 参数 Raise 作为动画转换的条件，如图 3-1-19 所示。

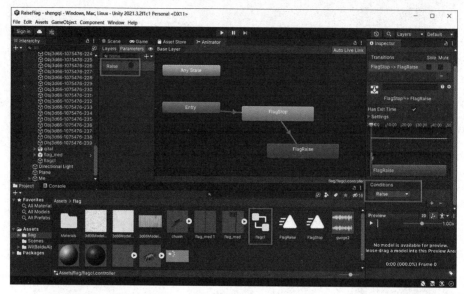

图 3-1-19　动画转换条件设置

步骤 2　建立双目摄影机并用键盘控制

建立 zuomu 和 youmu 双目摄影机的步骤和参数设定见"知识点 3"，摄影机层级如图 3-1-20 所示。

为了方便计算机调试，增加键盘和鼠标对于 Me 对象的控制，控制方法参考第三人称视角控制。按 Space 创建触发升旗动画，代码如下：

图 3-1-20　摄影机层级设置

```
using System.Collections;
using System.Collections.Generic;
using UnityEngine;

public class RaiseFlag : MonoBehaviour
{
    // Start is called before the first frame update
    void Start()
    {

    }

    // Update is called once per frame
    void Update()
    {
        GameObject.Find("Me").transform.Rotate(Vector3.up * Input.
        GetAxis("Mouse X"));
```

```
GameObject.Find("Main Camera").transform.Rotate(Vector3.left * Input.
GetAxis("Mouse Y"));
if(Input.GetKey(KeyCode.W))
{
    GameObject.Find("Me").transform.Translate(Vector3.forward * 0.1f);

}
if(Input.GetKey(KeyCode.S))
{
    GameObject.Find("Me").transform.Translate(Vector3.back * 0.1f);

}
if(Input.GetKey(KeyCode.A))
{
    GameObject.Find("Me").transform.Translate(Vector3.left * 0.1f);

}
if(Input.GetKey(KeyCode.D))
{
    GameObject.Find("Me").transform.Translate(Vector3.right * 0.1f);

}
if(Input.GetKeyDown(KeyCode.Space))
{
    GameObject.Find("flagcl").GetComponent<AudioSource>().Play();
    GameObject.Find("flagcl").GetComponent<Animator>().SetTrigger("Raise");
}

    }
}
```

步骤 3　使用语音控制升旗仪式

导入百度语音资源包，新建脚本 AsrContrl，拖曳到 Me 对象上，定义 API Key 和 Secret Key 等变量，如图 3-1-21 所示，将知识点 2 注册的相关信息填入变量中。

借鉴资源 Asr 目录里的脚本示例，编写 AsrContrl 代码如下：

```
using System.Collections;
using System.Collections.Generic;
using UnityEngine;
using Wit.BaiduAip.Speech;

public class AsrContrl : MonoBehaviour
{
    public string APIKey = "";
```

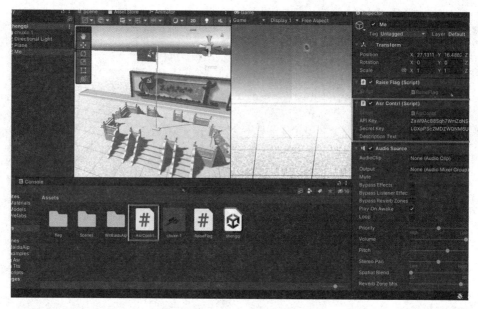

图 3-1-21　变量设置

```
public string SecretKey = "";

public string DescriptionText;

private AudioClip _clipRecord;
private AudioSource _audioSource;
private Asr _asr;
private int Isplay = 1;
void Start()
{
    _audioSource = gameObject.GetComponent<AudioSource>();
    _asr = new Asr(APIKey, SecretKey);
    StartCoroutine(_asr.GetAccessToken());
    DescriptionText = "";
}

void Update()
{
    if(Input.GetKeyDown(KeyCode.K))
    {
        DescriptionText = "Listening...";

        _clipRecord = Microphone.Start(null, false, 30, 16000);
    }
```

```
if(Input.GetKeyUp(KeyCode.K))
{
    DescriptionText = "Recognizing...";
    Microphone.End(null);
    Debug.Log("[WitBaiduAip demo]end record");
    var data = Asr.ConvertAudioClipToPCM16(_clipRecord);

    StartCoroutine(_asr.Recognize(data, s =>
    {
        DescriptionText = s.result != null && s.result.Length > 0 ?
        s.result[0] : "未识别到声音";

    }));
}

if(DescriptionText== "升国旗奏国歌。"&& Isplay==1)
{
    GameObject.Find("flagcl").GetComponent<AudioSource>().Play();
    GameObject.Find("flagcl").GetComponent<Animator>().
    SetTrigger("Raise");
    Isplay = 0;
}

}
}
```

步骤 4　加入陀螺仪和蓝牙手柄控制

一般的国产 VR 眼镜盒都配有蓝牙手柄，可以帮助我们在进行手机双目显示时，取代键盘鼠标进行进一步的交互。如图 3-1-22 所示，提供的手柄对应 KeyCode 集合相应的值。

我们可以修改上面的代码，加入一个手柄的触发条件即可。代码如下：

```
if(Input.GetKeyDown(KeyCode.K))
```

图 3-1-22　蓝牙手柄

修改为

```
if(Input.GetKeyDown(KeyCode.K)||Input.GetKeyDown(KeyCode.
Joystick1Button0))
```

具体键值可以查看手柄的说明书。

然后，参考知识点 3 的"导入陀螺仪脚本"。这样就可以导出安卓手机端，利用手机陀螺仪找到国旗位置，按下蓝牙手柄接收语音，并控制升旗仪式，如图 3-1-23 所示。

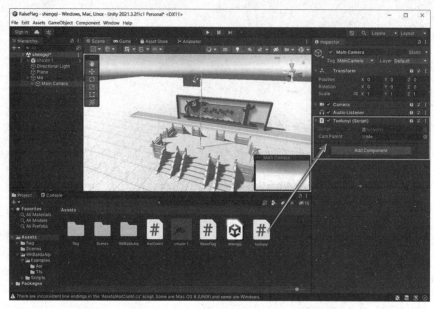

图 3-1-23　导入陀螺仪脚本设置 CamParent 变量

步骤 5　导出 APK

选择 File 菜单中的 Build Settings 命令，Platform 选择 Android，然后单击 Switch Platform 按钮进行平台编译的切换，如图 3-1-24 所示。

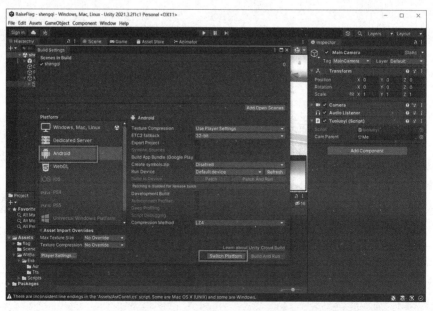

图 3-1-24　平台编译切换设置

切换完毕，单击 Player Setting 按钮，修改如图 3-1-25 所示参数，即可导出 Build。

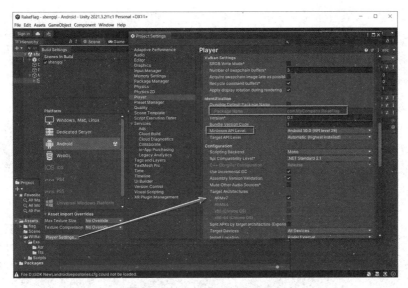

图 3-1-25　项目导出设置

 拓展实训

1. 实训目的

把上面的声音控制升旗仪式修改为国产 Pico Neo2 VR 一体机观看模式，练习 SDK 导入和使用。

2. 实训内容

（1）对 RaiseFlag 项目进行复制，并命名为 RaiseFlagPico，打开该项目。

（2）导入官网下载的 SDK 资源包 PicoVR_Unity_SDK_32bit-2.8.9_B548-20210401.unitypackage，并找到资源包里提供的场景示例 Pvr_Controller_Demo，如图 3-1-26 所示。

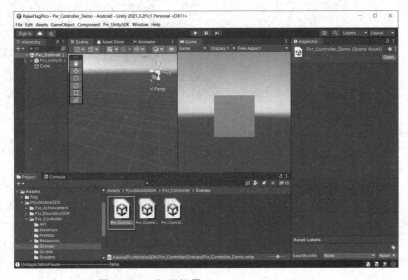

图 **3-1-26　打开场景 Pvr_Controller_Demo**

（3）运行 Pvr_Controller_Demo，观察其特点。如图 3-1-27 所示，Game 视图出现两个
Pico Neo2 手柄，在 Unity 里可以模拟运行。按住 Alt+ 鼠标左键可以切换双目和单目显示；
按住 Ctrl+ 鼠标移动可以进行摄影机的自由旋转；按住 Shift+ 鼠标移动可实现手柄射线的
移动，观察移动时绿色方块的变化；按住 Ctrl+ 鼠标移动可以旋转摄影机角度。

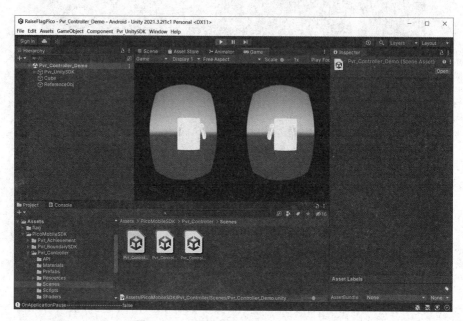

图 3-1-27　运行 Pvr_Controller_Demo

（4）把以上场景中的 Pvr_UnitySDK 拖曳到资源区，形成预制件，以备升旗场景使用，
如图 3-1-28 所示。

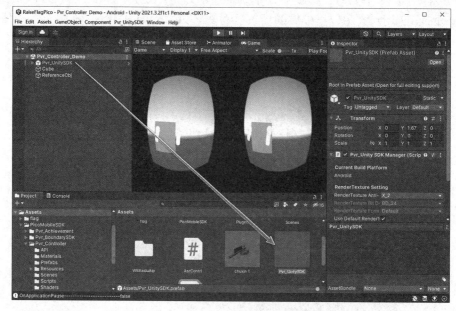

图 3-1-28　设置 Pvr_UnitySDK 为预制件

（5）打开 shengqi 场景，将上面制作的预制件拖曳到场景并运行，如图 3-1-29 所示。

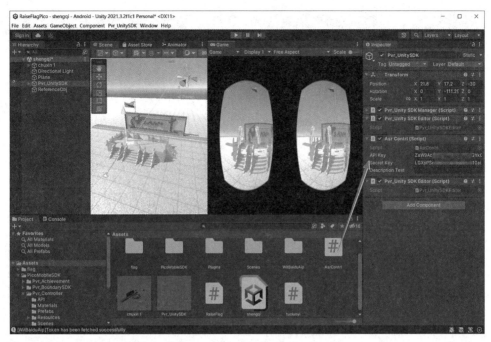

图 3-1-29 将预制件拖曳到 shengqi 场景

（6）修改 AsrContrl 代码如下，注意引用 Pvr_UnitySDKAPI 命名空间以及替换原先的手柄控制代码。

```
using System.Collections;
using System.Collections.Generic;
using UnityEngine;
using Wit.BaiduAip.Speech;
using Pvr_UnitySDKAPI;

public class AsrContrl : MonoBehaviour
{
    public string APIKey = "";
    public string SecretKey = "";

    public string DescriptionText;

    private AudioClip _clipRecord;
    private AudioSource _audioSource;
    private Asr _asr;
    private int Isplay = 1;
    void Start()
```

```
    {
        _audioSource = gameObject.GetComponent<AudioSource>();
        _asr = new Asr(APIKey, SecretKey);
        StartCoroutine(_asr.GetAccessToken());
        DescriptionText = "";
    }


    void Update()
    {
        if(Input.GetKeyDown(KeyCode.K) || Controller.UPvr_GetKey(1, Pvr_KeyCode.
        TRIGGER))
        {
            DescriptionText = "Listening...";
            _clipRecord = Microphone.Start(null, false, 30, 16000);
        }
        if(Input.GetKeyUp(KeyCode.K))
        {
            DescriptionText = "Recognizing...";
            Microphone.End(null);
            Debug.Log("[WitBaiduAip demo]end record");
            var data = Asr.ConvertAudioClipToPCM16(_clipRecord);

            StartCoroutine(_asr.Recognize(data, s =>
            {
                DescriptionText = s.result != null && s.result.Length > 0 ?
                s.result[0] : "未识别到声音";
            }));
        }

        if(DescriptionText== "升国旗奏国歌。"&& Isplay==1)
        {
            GameObject.Find("flagcl").GetComponent<AudioSource>().Play();
            GameObject.Find("flagcl").GetComponent<Animator>().
            SetTrigger("Raise");
            Isplay = 0;
        }


    }
}
```

（7）导出 APK，并在 Pico Neo2 设备上安装调试。

任务 3.2　AR 扫 图

素养目标

（1）在参与任务的过程中，提升学生的科学文化素养。

（2）通过 AR 应用以及制作流程，提升学生的职业技能、职业素养。

（3）鼓励教育学生继承和弘扬红船精神，同心共筑中国梦。

技能目标

（1）熟悉 Unity 视频播放控制，掌握 Video Player 组件。

（2）熟悉 AR 的基本应用以及常见的 AR 制作流程。

（3）熟悉并掌握 EasyAR 的应用。

建议学时

6 学时。

■ 任务要求

通过第三方 AR SDK（如 EasyAR）进行扫图智能识别，对"红船"图片（见图 3-2-1）进行手机后置摄像头扫图，识别图片后进行相应的视频讲解。

图 3-2-1　"红船"图片

视频播放
组件 .mp4

知识储备

知识点1　视频播放（Video Player）组件

Video Player 组件可以实现在游戏对象上进行视频文件播放，例如，可以在 Cube 或者 Plane 上进行视频播放，组件的基本属性如图 3-2-2 所示。

图 3-2-2　Video Player 组件属性

1. 属性
- Source：视频来源。
- Video Clip：放入下载好的视频。
- URL：放入网上视频链接 / 下载好的视频存储路径。
- Play On Awake：脚本载入时自动播放。
- Wait For First Frame：决定是否在第一帧加载完成后才播放，只有在 Play On Awake 被勾选时才有效。
- Loop：循环。
- Playback Speed：播放速度。
- Render Mode：渲染模式。
- Camera Far Plane：摄影机的远平面上，用于背景播放器。
- Camera Near Plane：摄影机的近平面上，用于前景播放器。
- Render Texture：画面保存在 Render Texture 上，用于 UGUI 的播放器。
- Material Override：视频画面复制给所选 Render 的 Material。需要选择具有 Render 组件的物体，可以选择赋值的材质属性。可制作 360°全景视频和 VR 视频。
- Aspect Ratio：自适应分辨率的方式。
- Audio Output Mode：音频输出方式。
- Audio Source：音频样本发送到选定音频源，允许应用 Unity 的音频处理。
- Direct：音频样本绕过 Unity 的音频处理，直接发送到音频输出硬件。

2. 方法

常用的方法与 Audio Source 组件基本一样，支持 Play() 和 Stop()。

知识点2　增强现实

增强现实（augmented reality，AR）技术是一种实时地计算摄影机影像位置、角度并加上相应图像、视频和3D模型的技术，这种技术的目标是在屏幕上把虚拟世界叠加在现实世界并进行互动。随着这两年 AR 技术的快速发展，市面上出现了越来越多的 AR SDK 供开发者使用，使 AR 应用开发简单很多。与 AR 相关的应用也越来越多。本知识点将带领大家做一个 AR 的小应用，识别图片出现模型，并跟模型做些简单交互。

随着这两年 AR 的兴起，市面上出现越来越多的 AR 应用，涉及 AR 教育、AR 医疗、AR 旅游和 AR 娱乐等，如国产应用比较典型的支付宝 AR 扫五福、宜家 AR 购物应用和抖音变脸特效等，如图 3-2-3 所示。

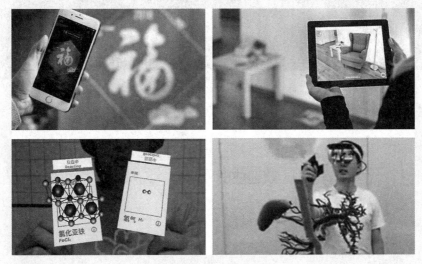

图 3-2-3　AR 应用

有些公司把 AR 技术进行了封装，让开发者可以很方便地制作自己的 AR 应用，如苹果公司的 ARKit、谷歌公司的 ARCore 等。

知识点3　EasyAR

EasyAR 是视辰信息科技（上海）有限公司自主研发的一款 AR 开发工具包，里面封装好了 AR 的接口，直接调用就可以实现 AR 功能。EasyAR 的意义是：让增强现实变得简单易实施，让客户都能将该技术广泛应用到广告、展馆、活动、App 之中。EasyAR SDK 既有免费版，也有收费的专业版，学习制作简单的应用，使用免费版就可以了。

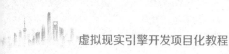

AR 扫图
.mp4

任务实施

步骤 1　注册 EasyAR 开发者账号

注册 EasyAR SDK 开发者账号，首先需要访问 EasyAR 官方网站，如图 3-2-4 所示。

图 3-2-4　EasyAR 官方界面

单击右上角的"注册"按钮，在弹出界面输入注册信息，注册后登录账号，如图 3-2-5 所示。

图 3-2-5　EasyAR 注册界面

步骤 2　应用授权

登录后进入"开发者中心"，在左侧单击"Sense 授权管理"按钮，然后单击"我需要一个新的 Sense 许可密钥"按钮，进入后按照图 3-2-6 所示进行填写，然后单击"确认"按钮。

140

Sense类型　　　　EasyAR Sense 4.0

　　　　　　　　查看Sense功能介绍

　　　　　　　　◉ EasyAR Sense 4.0 个人版
　　　　　　　　　免费，不可商用，有水印
　　　　　　　　○ EasyAR Sense 4.0 专业版
　　　　　　　　　按月付费，可商用，无水印
　　　　　　　　○ EasyAR Sense 4.0 经典版
　　　　　　　　　一次性付费永久使用，可商用，去水印，包含专业版所有功能

授权功能　　　　☑ 稠密空间地图　☑ 3D物体跟踪　☑ 平面图像跟踪　☑ 支持云识别　☑ Mega云定位服务
已默认选中不支持更改　☑ 稀疏空间地图　☑ 运动跟踪　☑ 表面跟踪　☑ 录屏

是否使用稀疏空间地图：　◉ 是　○ 否　　查看稀疏空间地图功能介绍

　　　　　　　说明！
　　　　　　　创建一个SpatialMap库以便使用EasyAR Sense的稀疏空间地图功能。
　　　　　　　如果您现在还不确定是否会用到这个功能，也可以选择"否"，并在日后需要时再创建。

　　　　　　　库名：　　　mytest

创建应用　　　应用名称　　PartyHistoryMuseum
　　　　　　　　　　　　可修改

　　　　　　　Bundle ID　　请输入Bundle ID
　　　　　　　iOS
　　　　　　　　　　　　可修改，iOS平台Sense License KEY需要与Bundle ID对应使用

　　　　　　　Package Name　com.sdwm.PartyHistoryMuseum
　　　　　　　Android
　　　　　　　　　　　　可修改，Android平台Sense License KEY需要与PackageName对应使用

　　　　　　　支持平台　　　 iOS　　 Android　　 Windows　　 macOS

期限（月）：　　不限

费用：　　　　¥0元

图 3-2-6　应用授权界面

步骤 3　下载 EasyAR Sense 资源包

在 EasyAR 官网的"下载"页面可以找到"历史版本"，然后找到 EasyARSense UnityPlugin_4.0.0-final_2020-01-16.zip 版本进行下载，如图 3-2-7 所示。

https://www.easyar.cn/view/downloadHistory.html

　　EasyAR CRS是云端图像识别服务，可以在云端动态管理识别图，在EasyAR Sense中使用对
　　收费服务，关于费用定价、付款方式等详细信息可以在这里查看。

　↓　EasyARSense_4.0.0-final.zip
　　　2019-12-30(96.3MB)

EasyAR Sense Unity Plugin

　↓　EasyARSenseUnityPlugin_4.0.0-final_2020-01-16.zip
　　　2020-01-16(60.2MB)

详情

图 3-2-7　下载界面

步骤 4　创建扫图应用

新建项目 PartyHistoryMuseum，导入 EasyARSenseUnityPlugin_4.0.0-final_2020-01-16.unitypackage 官方资源包。然后导入需要识别的党史博物馆的识别图片，如导入一张红船图片，接着导入关于红船的简介视频，如图 3-2-8 所示。

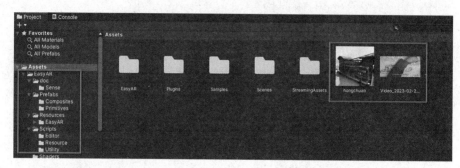

图 3-2-8　导入图片资源

为保证红船图片能够被 AR SDK 识别，需要去官网进行检测，如图 3-2-9 所示。
在场景中设置摄影机参数，如图 3-2-10 所示。

图 3-2-9　检测图片

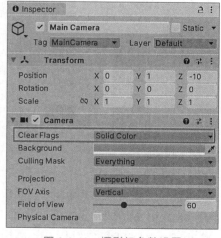

图 3-2-10　摄影机参数设置

在资源区 Assets/EasyAR/Prefabs 目录里找到 EasyAR_ImageTracker-1 和 ImageTarget 两个预制件，分别拖入场景，如图 3-2-11 所示。

在 ImageTarget 下创建一个 Cube 子对象，并为其添加 Video Player 和 Audio Source 组件，设置参数如图 3-2-12 所示。

然后，选择 EasyAR → Change License Key 菜单命令，把在官网注册的 Sense License Key 复制输入 EasyAR SDK License Key 中，如图 3-2-13 所示。

选择 EasyAR → Image Target Data 菜单命令，在打开的 ImageTarget 面板中添加一张特征图，修改 Scale 参数为 0.3，此参数是描述摄像头所扫描的特征图的实际大小，0.3 为 30cm，大约是一张 A4 纸的长度，如图 3-2-14 所示。单击 Generate 按钮，这样就生成了一个 hongchuan.etd 文件，并默认存放于 StreamingAssets 目录里。

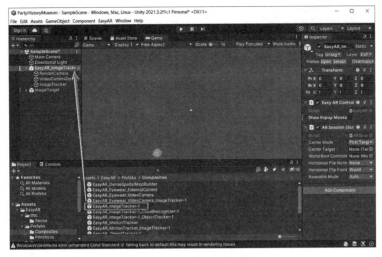

图 3-2-11　设置预制件

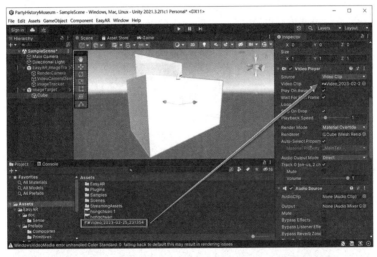

图 3-2-12　Cube 组件设置

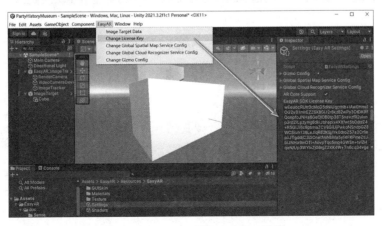

图 3-2-13　Change License Key 设置

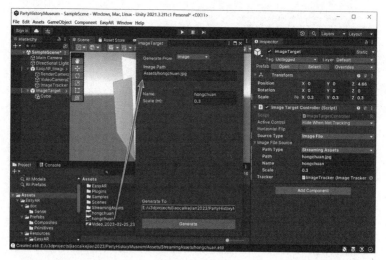

图 3-2-14　特征图片参数设置

修改 ImageTarget 对象的 Source Type 属性为 Target Data File，并在 Path 中输入上一步生成的特征图数据文件 hongchuan.etd，如图 3-2-15 所示。

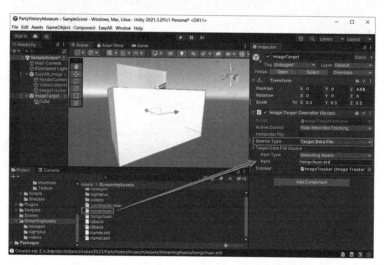

图 3-2-15　ImageTarget 对象参数修改

这里 Source Type 也可以直接选择 Image File，相应地输入资源区里特征图的相关信息，如图 3-2-16 所示。

用 A4 纸彩色打印出特征图，并单击运行进行计算机端测试。可以看到计算机端的摄像头被开启，手持打印好的红船特征图放于摄像头前方，如图 3-2-17 所示，出现红船的介绍视频即为测试成功。

安卓手机导出设置时，需要修改 Company

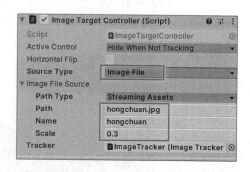

图 3-2-16　Source Type 特征图参数设置

Name 和 Product Name，与官网注册的信息一致即可，如图 3-2-18 所示。

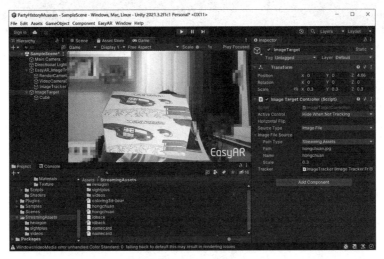

图 3-2-17　测试

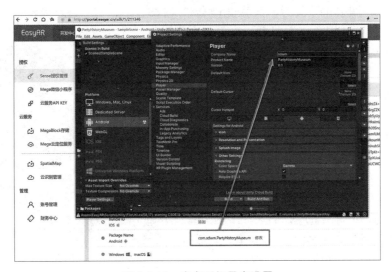

图 3-2-18　安卓手机导出设置

 拓展实训

1. 实训目的

在学习了 EasyAR 国产 AR 平台开发的一般步骤后，尝试使用另一家 AR 平台——Vuforia。在官网注册账号，上传特征图，下载特征图数据库；通过扫图，出现角色动画模型。

2. 实训内容

（1）登录 Vuforia 官网，注册账号，并在 License Manager 里注册一个 License Key，如图 3-2-19 所示。

虚拟现实引擎开发项目化教程

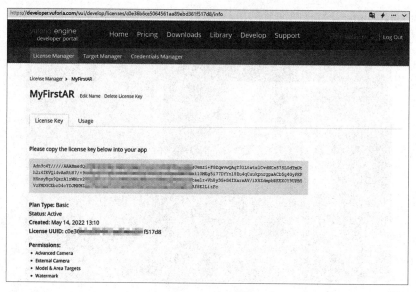

图 3-2-19　Vuforia 官网注册界面

（2）制作一张特征图，用于手机摄像头扫描，如图 3-2-20 所示，可根据自身需要进行制作，制作时尽量让图片纹理丰富些。

（3）在 Target Manager 中新建一个特征图数据库，如图 3-2-21 所示。然后通过 Download Database 下载特征图数据库，以备在 Unity 中使用。

（4）新建一个 Unity 项目，在 Vuforia 官网下载合适的资源包并导入。本书推荐使用 add-vuforia-package-10-3-2 . unitypackage。在下拉菜单中找到 AR Camera 和 Image Target，添加进场景中，如图 3-2-22 所示。

（5）将自己准备好的动画模型作为 Image Target 的子对象，并设置 AR Camera 和 Image Target 对象检视视图，如图 3-2-23 和图 3-2-24 所示。

图 3-2-20　制作特征图

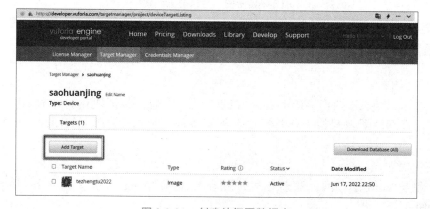

图 3-2-21　创建特征图数据库

146

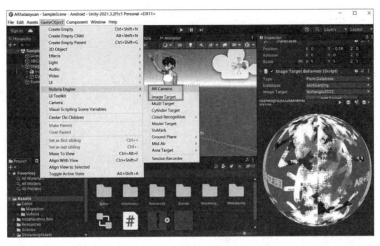

图 3-2-22　下载并导入资源包

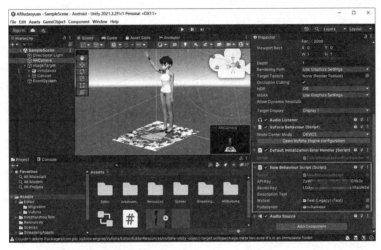

图 3-2-23　AR Camera 对象检视视图设置

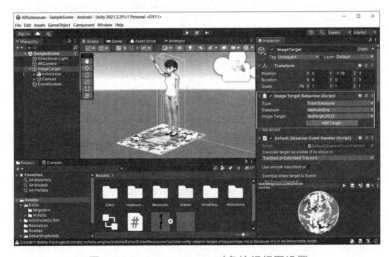

图 3-2-24　Image Target 对象检视视图设置

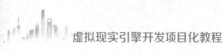

（6）参考代码如下：

```
using System.Collections;
using System.Collections.Generic;
using UnityEngine;
using Wit.BaiduAip.Speech;
using UnityEngine.UI;

public class NewBehaviourScript : MonoBehaviour
{
    public string APIKey = "";
    public string SecretKey = "";
    public string DescriptionText;
    public Text mytext;
    public GameObject fudaoyuan;
    private AudioClip _clipRecord;
    private AudioSource _audioSource;
    private Asr _asr;
    #if !UNITY_WEBGL
    void Start()
    {
        _audioSource = gameObject.GetComponent<AudioSource>();
        _asr = new Asr(APIKey, SecretKey);
    }

    void Update()
    {
        if(Input.touchCount == 1)
        {
            if(Input.touches[0].phase == TouchPhase.Began)

            { // 手指按下时，要触发的代码 }
                Debug.Log("xxxxxx");
                DescriptionText = "语音倾听中...";
                mytext.text = "语音倾听中...";
                _clipRecord = Microphone.Start(null, false, 30, 16000);
            }

            if(Input.touches[0].phase == TouchPhase.Ended && Input.touches[0].
            phase != TouchPhase.Canceled)
            {
```

148

```
                    DescriptionText = "语音识别中...";

                    mytext.text = "语音识别中...";
                    Microphone.End(null);
                    Debug.Log("[WitBaiduAip demo]end record");
                    var data = Asr.ConvertAudioClipToPCM16(_clipRecord);

                    StartCoroutine(_asr.Recognize(data, s =>
                    {
                        DescriptionText = s.result != null && s.result.Length > 0 ?
                        s.result[0] : "未识别到声音";
                        mytext.text = DescriptionText;

                    }));
                }


            if(DescriptionText == "召唤辅导员。")
            {
                fudaoyuan.SetActive(true);
            }

            if(DescriptionText == "辅导员再见。")
            {
                fudaoyuan.SetActive(false);
            }
        }
#endif
}
```

（7）导出 APK 进行测试。

任务 3.3　AR 扫 环 境

素养目标

（1）在稀疏空间、稀疏地图和脚本的制作过程中，培养学生精益求精的工匠精神。

（2）利用 AR 技术使博物馆走进校园，厚植家国情怀，赓续红色血脉。

技能目标

（1）了解稀疏空间地图（Sparse Spatial Map）的概念。
（2）掌握 EasyAR 有关稀疏空间地图的官方样例并进行空间地图绘制。
（3）掌握稀疏空间地图云端的下载和识别方法。
（4）熟悉并掌握 EasyAR 的应用。

建议学时

6 学时。

任务要求

通过第三方 AR SDK（如 EasyAR）进行稀疏空间地图的注册、建图、识别等操作。能够应用于党史博物馆的室内定位，用户可以通过手机进入应用，通过后置摄像头扫描房间特征，从而使系统自动判断用户所在位置，展示出该位置的相关介绍信息（视频、动画或图文等）。

知识储备

稀疏空间
地图概念
.mp4

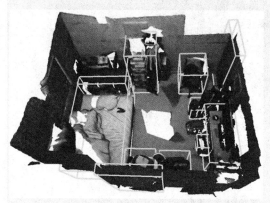

图 3-3-1　EasyAR 稀疏空间地图

知识点1　稀疏空间地图概念

EasyAR 稀疏空间地图（Sparse Spatial Map）用于扫描用户周围环境，生成环境的三维视觉地图，并提供视觉定位跟踪功能，如图 3-3-1 所示。建立的视觉地图可以保存或多个设备间实时共享。其他设备加载相应地图时，在加载地图中通过定位确定设备相对于地图的位置和姿态，适用于开发持久化 AR 应用或多人互动 AR 应用。

在本次任务中，主要利用稀疏空间地图对党史博物馆室内的某些浏览路线进行建图操作，通过云端存储地图相关信息，然后游客可以通过手机后置摄像头扫描某个室内场景，系统通过地图本地化识别，判断所在位置，并给出相应位置的景点介绍。不同于百度地图使用 GPS 定位，对于室外景点的识别，在室内无法接收定位信息的情况下，可以根据周边环境的扫描，比对稀疏空间地图库，实现定位。

EasyAR 稀疏空间地图支持加载多个地图，在多个地图中定位并返回对应地图的 ID 和设备相对于该地图的位置和姿态。

　　稀疏空间地图目前需要稳定的运动跟踪系统（如 EasyAR Motion Tracking / ARCore / ARKit）提供六自由度的位置和姿态，用于建图以及定位成功后的持续跟踪。在建图过程中，稀疏空间地图利用摄影机图像和对应位置和姿态构建环境 1:1 的视觉地图。定位过程中，当视觉定位成功后，设备相对地图的位置和姿态通过运动跟踪系统持续更新。

图 3-3-2　构建三维环境点云

　　稀疏空间地图建图通过扫描环境并构建三维环境点云，每一个三维点都记录周围的局部视觉信息。定位过程通过将当前摄影机图像和地图的三维点进行视觉匹配并尝试计算对应位置和姿态来恢复相应的位置和姿态。如图 3-3-2 所示，建立地图时，算法会把客厅门框和电视所在位置周边信息以点云形式呈现。

　　建图时，尽量相对于被扫描区域、场景做平移运动，尽可能充分移动扫描覆盖用户可能定位的位置。尽量在具备丰富、稳定且静止的视觉特征区域建图。不要在大片的无视觉特征区域建图，如白墙。不要在大片的反光材质区域建图，如玻璃镜面物体。不要在重复性的纹理区域建图。在创建稀疏空间地图时，需要充分考虑用户会在什么地点、视角下进行定位，以此来优化建图的过程。建图时最好覆盖到所有的可能视角，包括观察的角度和距离。建图完成后，可以在建立的稀疏空间地图中测试定位，测试定位的成功率以及精度，若发现效果不理想，应考虑重新建立更完整地图。由于设备限制，推荐单个地图范围不超过 1000m²。建议建图设备到场景距离小于 10m。

　　尽管用户可以在地图对应的场景中任意位置进行定位，但是给出目标场景的提示信息，如场景预览图，可以帮助用户找到目标场景进行识别和定位。

　　构建地图时，尽量覆盖场景的多个角度，通过视觉引导提示可以引导用户移动设备从多个角度尝试定位。用户定位的环境与地图构建的环境存在较大差异时，可能导致定位失败，例如：

　　角度：确保建图尽可能覆盖可能定位的角度。如果定位的角度和最接近建图角度差别超过 45°，定位成功率会大幅下降。

　　光照：建图光照和定位光照相近情况下，定位成功率最高。如尽量避免在白天建图后，在漆黑的夜晚尝试定位。

　　距离：建议建图时尽可能移动手机，尽量覆盖不同距离的位置。如不要在距离目标 1m 附近的位置建图后，在距离 10m 的地方尝试定位。

知识点2　稀疏空间地图主要对象和方法

　　稀疏空间地图的基础是运动跟踪，所以场景中首先要有运动跟踪的全套游戏对象设置。主要包括 SparseSpatialMapWorker 和 SparseSpatialMap 这两个游戏对象。

1. SparseSpatialMapWorker 游戏对象

SparseSpatialMapWorker 游戏对象用来提供地图本地化和地图识别，并存入 AR Session，如图 3-3-3 所示。

- Localzation Mode 属性在建立地图时通常选 Until Success；在定位时，通常选"Keep Update"。
- Use Global Service Config 选项可以设置是否使用全局定义的稀疏空间地图信息。

以下是该游戏对象提供的方法和事件，可以在脚本中调用。

- BuilderMapController.Host() 是保存地图的方法，需要输入的参数是地图的名称和地图的缩略图，缩略图可以输入 null。
- BuilderMapController.MapHost 事件用于返回地图保存情况的事件。事件有 3 个参数，包括地图保存成功后的名称、ID 和是否保存成功的状态，还有错误信息。
- Localizer.startLocalization() 和 Localizer.stopLocalization() 是用来启动和停止本地稀疏空间定位的方法，如果 SparseSpatialMap 游戏对象设置了地图的 ID 和名称，默认会自动启动地图定位。

2. SparseSpatialMap 游戏对象

SparseSpatialMap 游戏对象是稀疏空间地图在 Unity 中的载体，每个稀疏空间地图在定位时都对应一个 SparseSpatialMap 游戏对象，同一个场景可以同时有多个稀疏空间地图。希望在某个稀疏空间地图中放置虚拟物体，将其对应的游戏对象放置到对应的 SparseSpatialMap 游戏对象下成为其子游戏对象即可，如图 3-3-4 所示。

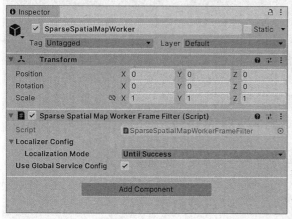

图 3-3-3　SparseSpatialMapWorker 游戏对象

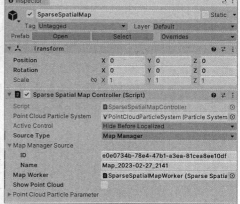

图 3-3-4　SparseSpatialMap 游戏对象

Source Type 属性用于设置稀疏空间地图的作用，即是用于建立地图 Map Builder 还是用于定位 Map Manager。Map Worker 属性必须关联对应的 SparseSpatialMapWorker 游戏对象。通常不需要设置。

Show Point Cloud 选项可以设置是否点云的效果。在建图时，显示点云的效果能帮助使用者更好地建立稀疏空间地图。

以下是该游戏对象提供的事件，可以在脚本中调用。

MapLoad 事件是指定的稀疏空间地图从服务器端下载到本地触发的事件。

MapLocalized、MapStopLocalize 事件是地图实现定位和停止定位的事件，MapLocalized 可以被触发多次，或者理解为可以不断修正位置。

任务实施

AR 扫环境
.mp4

步骤 1　注册 EasyAR 的稀疏空间地图应用

登录 EasyAR 官方网站，进入"开发中心"，找到左侧 SpatialMap，查看稀疏空间地图相关信息，后期建好地图，可以在这里查看地图预览图、地图名称以及地图 ID，如图 3-3-5 所示。

图 3-3-5　EasyAR 官方网站

如果在上图右侧"管理"里未找到相关的 Key 信息，可以进入"云服务 API KEY"进行创建，如图 3-3-6 和图 3-3-7 所示。

图 3-3-6　"云服务 API KEY"

建好后即可查询 API Key 和 API Secret，这些信息均需要后期填入 Unity 的 EasyAR 全局认证信息里，如图 3-3-8 所示。

步骤 2　建立稀疏空间地图并上传云端

在官网历史版本里找到 EasyARSense4.0 的 Unity 示例并下载，如图 3-3-9 所示。

导入 Unity 的资源区，并找到如图 3-3-10 所示的场景打开。

图 3-3-7　创建 API KEY

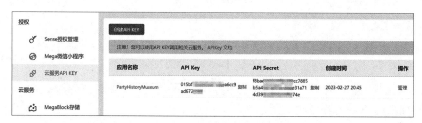

图 3-3-8　"云服务 API KEY"信息

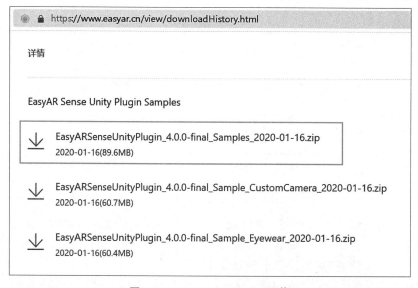

图 3-3-9　EasyARSense4.0 下载

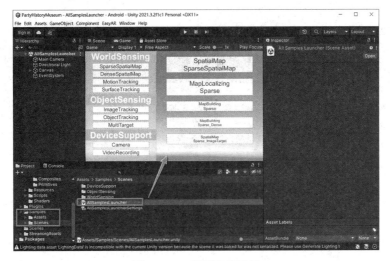

图 3-3-10　场景打开示例

在 EasyAR 菜单中选择 Change Global Spatial Map Service Config，把在官网里注册的 API Key、API Secret、Sparse Spatial Map App ID 以及 EasyAR SDK License Key 均粘贴入相应位置，如图 3-3-11 所示。

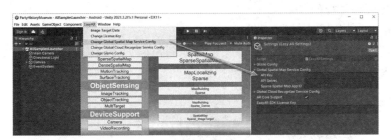

图 3-3-11　Change Global Spatial Map Service Config 的信息配置

进入 File 菜单的 Build Settings，把建立地图所需的全部场景拖入 Scenes In Build，导出 Android APK，并安装到手机端，如图 3-3-12 所示。

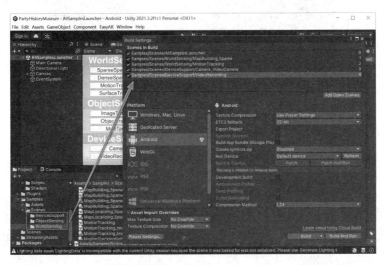

图 3-3-12　导出 Android APK

虚拟现实引擎开发项目化教程

打开安装的手机 APK，找到 MapBuilding Sparse 按钮，进入如图 3-3-13 所示界面。

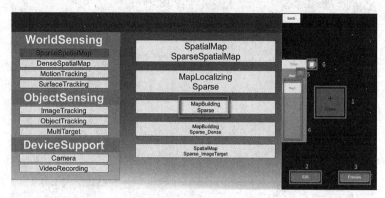

图 3-3-13　MapBuilding Sparse 按钮

- 标记 1: 进入 Create 视图，创建 Spatial Map。
- 标记 2: 进入 Edit 视图，将 3D 内容摆放到 Spatial Map 上并保存场景。
- 标记 3: 进入 Preview 视图预览，在 Edit 视图中添加到 Map 上的内容。
- 标记 4: Map 列表，选择的 Map 可以用来编辑和预览。
- 标记 5: 删除选择的 Map。
- 标记 6: 删除所有 Map 及缓存。

单击 "1" 处，即可打开后置摄像头进行地图扫描，可以去往党史博物馆需要建立地图的位置，手持手机进行 360° 的扫环境操作，如图 3-3-14 所示。

图 3-3-14　地图扫描

扫描成功后，根据提示保存即可。

保存成功后，可以进入官网后台进行查询，能查到刚刚所在位置的预览图，即为建图成功，如图 3-3-15 所示建立两处地图。

步骤 3　稀疏空间本地化识别

下载 EasyARSenseUnityPlugin_4.0.0-final_2020-01-16.zip 资源包，如图 3-3-16 所示。

打开前面建立的 PartyHistoryMuseum 项目，建立场景 LocalizeMap，并在资源里找到相应预制件拖入场景，这里以前面建立的两个地图为例，因此需要两个 SparseSpatialMap 预制件，如图 3-3-17 所示。

156

图 3-3-15 地图的建立

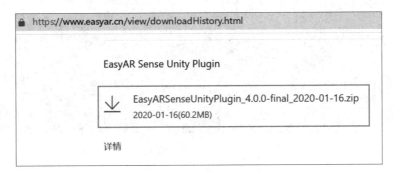

图 3-3-16 资源包下载

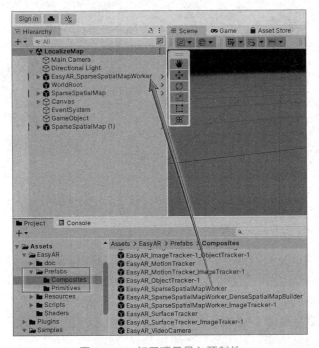

图 3-3-17 打开项目导入预制件

设置 Main Camera 对象属性如图 3-3-18 所示。

分别设置以下预制件的参数,如图 3-3-19 和图 3-3-20 所示。

图 3-3-18　Main Camera 对象属性设置

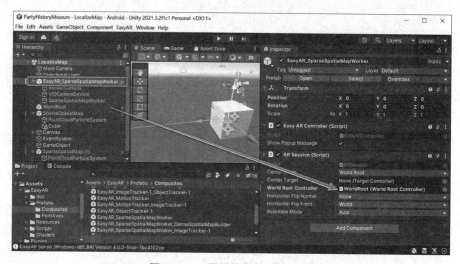

图 3-3-19　预制件参数设置(1)

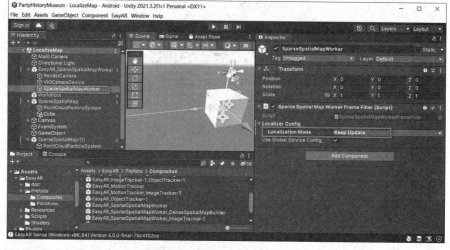

图 3-3-20　预制件参数设置(2)

每个 SparseSpatialMap 对象设置一个所建立地图的 ID 和 Name,如图 3-3-21 所示。

开发者可以将这个地图位置所需要介绍的相关预制件作为 SparseSpatialMap 的子对象,当该地图进行下载本地化并识别成功后,会自动出现其子对象。如图 3-3-22 所示,在党史博物馆的位置 1 用后置摄像头扫描周边环境,当识别出该室内位置后,会自动出现球体或者立方体。后期可以替换成介绍该处位置的相关视频或者图文。

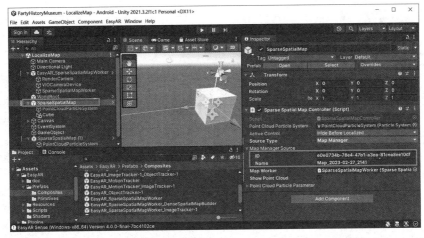

图 3-3-21　SparseSpatialMap 对象设置

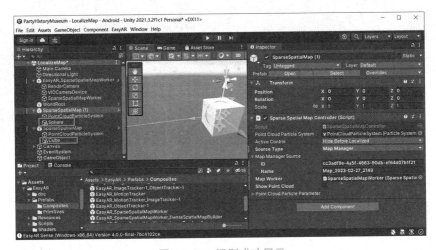

图 3-3-22　识别成功显示

添加一个 Text UI，用来显示识别过程的返回信息，如图 3-3-23 所示。

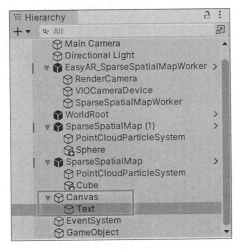

图 3-3-23　添加 Text UI

新建一个空对象，并新建脚本 localize，如图 3-3-24 所示。

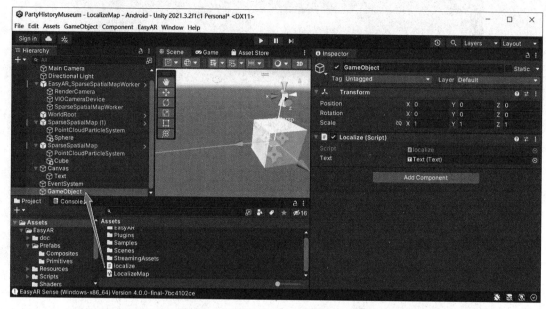

图 3-3-24　新建空对象和脚本 localize

编写代码如下：

```
using System.Collections;
using System.Collections.Generic;
using UnityEngine;
using UnityEngine.UI;
using System;
using easyar;

public class localize : MonoBehaviour
{
    // 稀疏空间地图相关对象
    private ARSession session;
    private SparseSpatialMapWorkerFrameFilter mapWorker;
    private SparseSpatialMapController map;
    public Text text;
    void Start()
    {
        // 稀疏空间地图初始
        session = FindObjectOfType<ARSession>();
        mapWorker = FindObjectOfType<SparseSpatialMapWorkerFrameFilter>();
```

```
    map = FindObjectOfType<SparseSpatialMapController>();
    map.MapLoad += MapLoadBack;          // 注册地图加载事件
    map.MapLocalized += LocalizedMap;    // 注册定位成功事件
    map.MapStopLocalize += StopLocalizeMap; // 注册停止定位事件

    StartLocalization();
}


/// <summary>
/// 地图加载反馈
/// </summary>
/// <param name="mapInfo"> 地图信息 </param>
/// <param name="isSuccess"> 是否成功 </param>
/// <param name="error"> 错误信息 </param>
private void MapLoadBack(SparseSpatialMapController.SparseSpatialMapInfo
mapInfo, bool isSuccess, string error)
{
    if(isSuccess)
    {
        text.text = " 地图 " + mapInfo.Name + " 加载成功。";
    }
    else
    {
        text.text = " 地图加载失败。" + error;
    }
}
/// <summary>
/// 地图定位成功
/// </summary>
private void LocalizedMap()
{
    text.text = " 稀疏空间地图定位成功。" + DateTime.Now.ToShortTimeString();
}
/// <summary>
/// 停止地图定位
/// </summary>
```

```
private void StopLocalizeMap()
{
    text.text = "稀疏空间地图停止定位。" + DateTime.Now.ToShortTimeString();
}
/// <summary>
/// 开始本地化地图
/// </summary>
public void StartLocalization()
{
    // 文本框内容不为空
    text.text = "开始本地化地图。";
    mapWorker.Localizer.startLocalization();
}
/// <summary>
/// 停止本地化
/// </summary>
public void StopLocalization()
{
    mapWorker.Localizer.stopLocalization();
}
//Update is called once per frame
void Update()
{

}
}
```

 拓展实训

1. 实训目的

进一步练习稀疏空间地图的扫描与上传，能够修改任务实施中的关键代码。

2. 实训内容

（1）利用上面所使用的扫描稀疏空间并上传云端的 APK，对校园一景进行建图练习，并利用视频、语音、图片或者模型动画演示的形式，对校园景物进行介绍。

（2）进入校园餐厅，利用稀疏空间地图对某一个餐厅橱窗进行扫描，识别出室内位置后，出现该窗口提供的常见特色菜的介绍。

团队实战与验收

项目工单

项目 3 工单 .pdf

单号	VR-dsbwgarkf		团队名称		项目负责人	
编号	任 务 名 称	基 本 要 求		拓展与反思	工期要求	责任人
1	党史博物馆入门大厅虚拟升旗仪式	1.1 进行入门大厅模型搭建、旗杆与国旗场景设置 1.2 利用百度语音 SDK 进行升国旗动画控制及奏国歌控制 1.3 在计算机端、手机端利用 VR 眼镜分别进行测试		1.4 通过一体式头盔进行升旗仪式项目的修改和测试		例： 1.1 王某 1.2 李某
2	党史博物馆卡片图像识别	2.1 完成红船特定图片的识别 2.2 团队成员分别实现一个党史相关图像的识别 2.3 完成识别后的所需介绍材料的视频资源准备 2.4 实现图像识别后视频资源的播放		2.5 利用 Vuforia 进行图像识别并测试		
3	党史博物馆空间识别	3.1 实现党史博物馆特定空间的稀疏空间地图建图 3.2 实现党史博物馆空间地图的识别		3.3 在校园寻找一处室内空间进行稀疏空间地图的测试		
备注	完成情况： 项目创新： 问题描述： 其他：					

项目评价

项目 3 评价 .pdf

单号	VR-xywsjg	团队名称		评 价 主 题	
任务编号	完成情况自述	分 值	学生自评	小组互评	教师评价
1.1		5			
1.2		5			

续表

任务编号	完成情况自述	分 值	评 价 主 题		
			学生自评	小组互评	教师评价
1.3		5			
1.4		5			
2.1		10			
2.2		10			
2.3		10			
2.4		10			
2.5		10			
3.1		10			
3.2		10			
3.3		10			
总分		100			

项目4

客厅装修设计VR展示项目

项目描述

信息技术不仅改变了人们的生活方式,也提升了社会的生产效率。其中虚拟现实(VR)技术就是基于信息技术发展起来的,对我国的室内设计行业形成了有力的推动。在室内装修设计中,有了VR技术的介入,设计效果也实现了大幅度提升,为用户带来了更加真实和立体的视觉体验。VR技术不仅可以模拟出室内的实物,而且可以呈现外界的气候以及光照对于室内装修效果的影响,甚至在室内装修中所应用到的材质对室内效果的影响也可以模拟出来。在传统的设计领域之内,如果制作漫游动画场景,会耗费大量的资金,而有了VR技术的支持,不仅成本能够得以控制,而且制作效率更高,用户可以实现多视角的场景体验,突破传统的单一化的场景模式。有了漫游动画的室内场景,室内的装修细节也得以清晰呈现,用户可以在虚拟的情境中观察到优势和不足,从而反馈给设计人员,设计人员再进行场景完善,满足用户的个性化需求。

本项目用Unity在客厅模型场景中进行材质设定和灯光设定。实现客厅地面、墙面、家具、门窗及窗外环境的设定;实现客厅主灯、餐厅灯和氛围灯的设置;实现摄影机后处理;实现基本的VR浏览。

项目重难点

项目内容	工 作 任 务	建议学时	技 能 点	重 难 点	重要程度
使用Unity的材质、灯光和摄影机后处理对客厅进行细节调整并能进行VR基本浏览	任务4.1 客厅材质设置	4	能对游戏对象进行材质和贴图设置	进行材质设置	★★★☆☆

项目内容	工 作 任 务	建议学时	技 能 点	重 难 点	重要程度
使用 Unity 的材质、灯光和摄影机后处理对客厅进行细节调整并能进行 VR 基本浏览	任务 4.1　客厅材质设置	4	能对游戏对象进行材质和贴图设置	理解着色器作用和设置	★★★☆☆
				了解 PBR 渲染管线	★★★☆☆
				能对客厅环境和家居进行材质设置	★★★★☆
	任务 4.2　客厅灯光设置及烘焙	6	能对游戏对象进行灯光设置及烘焙	了解光照工作方式	★★☆☆☆
				常见光源类型的基本设置	★★★★☆
				能设定发光材质	★★★★☆
				理解并使用光照探针和反射探针，优化客厅环境光效果	★★★★☆
	任务 4.3　后期处理	4	能进行简单的后期处理操作	理解后处理的作用	★★★☆☆
				理解常见后处理的效果	★★★☆☆
				能设置简单的后处理效果	★★★★☆
				能根据白天效果选择合适后处理效果，优化客厅显示	★★★★☆

任务 4.1　客厅材质设置

素养目标

（1）在设置材质的过程中，提升学生的审美能力。

（2）在任务完成中，培养学生独立分析和解决问题的能力，提升学生的创新能力。

（3）培养学生善于观察、热爱生活的能力，从现实生活中提取材质素材和材质的灵感。

技能目标

（1）掌握创建及添加材质、添加纹理贴图的方法。

（2）掌握标准着色器的使用方法。

（3）熟悉并掌握 PBR 渲染工作管线。

（4）掌握 PBR 着色系统。

建议学时

4 学时。

■ 任务要求

对客厅模型场景进行材质设置。

 知识储备

知识点1　创建及添加材质

在 Unity 中，通过选择一个游戏对象，在 Inspector 视图中单击 Add Component 按钮来添加材质。通过添加材质控制游戏对象的外观和光照反射方式等。通过在材质属性面板中调整颜色、不透明度、纹理等属性来自定义材质。

创建及添加
材质 .mp4

知识点2　纹理

通常情况下，对象的网格几何形状仅给出粗略的近似形状，而大多数精细的细节由纹理提供。纹理就是应用于网格表面上的标准位图图像，如图 4-1-1 所示。可以看作纹理图像好像是打印在橡胶板上，然后将橡胶板拉伸并固定在网格上的适当位置。纹理的定位是通过用于创建网格的 3D 建模软件完成的。

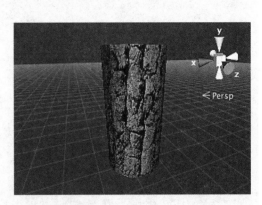

图 4-1-1　纹理

纹理 .mp4

Unity 可从最常见的图像文件格式导入纹理。用于 3D 模型的纹理必须使用材质将纹理应用于对象。材质使用着色器的专用图形程序在网格表面上渲染纹理。着色器可实现光照和着色效果，从而模拟许多其他事物的闪亮或凹凸表面。此外，它们还可一次使用两个或更多纹理，将这些纹理组合起来以获得更大的灵活性。应该使纹理的尺寸达到 2 的幂次方（例如 32×32、64×64、128×128、256×256 等）。只需将纹理放在项目的 Assets 文件夹中就足够了，它们将出现在 Project 视图中。

导入纹理后，应将其分配给材质。随后，可将材质应用到网格、粒子系统或 GUI 纹理。通过使用导入设置（Import Settings），还可将其转换为立方体贴图（Cubemap）或法线贴图（Normalmap），以便用于不同类型的游戏中。

知识点3　材质

要在 Unity 中绘制某物，必须提供描述其形状和表面外观的信息。使用网格可描述形状，使用材质可描述表面的外观。

材质 .mp4

材质和着色器紧密相连，Unity 通过着色器使用材质。材质包含对 Shader 对象的引用。如果 Shader 对象定义材质属性，则材质还可以包含数据（如颜色或纹理参考等）。

标准着色器参数设置如图 4-1-2 所示。

选择在 Metallic 工作流程模式还是 Specular 工作流程模式下工作的参数会略有不同。两种模式下的大多数参数都相同。

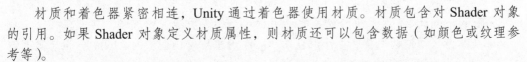

1. 渲染模式（Rendering Mode）

标准着色器中的第一个材质参数为 Rendering Mode，如图 4-1-3 所示。此参数表示选择对象是否使用不透明度，如果是，使用哪种类型的混合模式。

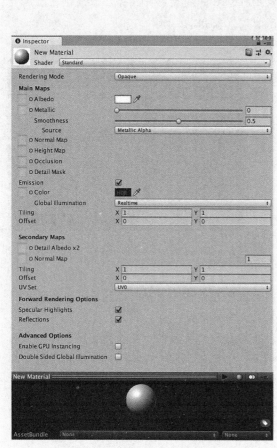

图 4-1-2　标准着色器参数设置

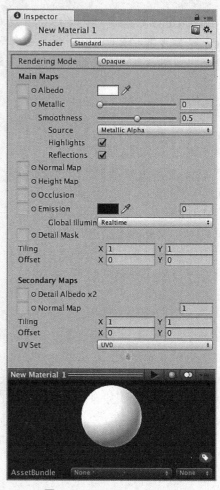

图 4-1-3　Rendering Mode

- Opaque：此项为默认设置，适用于没有透明区域的普通固体对象。
- Cutout：用于创建在不透明区域和透明区域之间具有硬边的透明效果。在这种模式下，没有半透明区域，纹理为 100% 不透明或不可见。使用透明度来创建材质的形状时（如树叶或者有孔洞和碎布条的布料），这非常有用。
- Transparent：适用于渲染逼真的透明材质，如透明塑料或玻璃。在此模式下，材质本身采用透明度值（基于纹理的 Alpha 通道和色调颜色的 Alpha），但与真实透明材质的情况一样，反射和光照高光将保持完全清晰可见。
- Fade：允许透明度值完全淡出对象，包括对象可能具有的任何镜面高光或反射。如果要对淡入或淡出的对象进行动画化，此模式将非常有用。它不适合渲染逼真的透明材质，如透明塑料或玻璃，因为反射和高光也会淡出。

168

2. 反照率颜色和不透明度

反照率颜色和不透明度由 Albedo 控制，具体位置如图 4-1-4 所示。

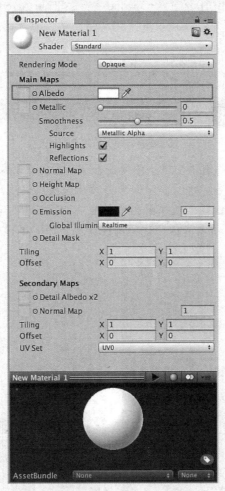

图 4-1-4 反照率颜色和不透明度

Albedo 参数控制着表面的基色，Albedo 数值从黑到白的范围（0.0~1.0）如图 4-1-5 所示。

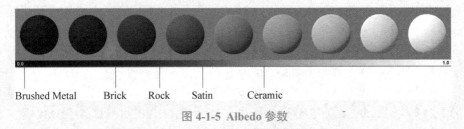

图 4-1-5 Albedo 参数

为 Albedo 值指定单一颜色有时很有用，但为 Albedo 参数指定纹理贴图的做法更为常见。纹理贴图应表示对象表面的颜色。必须注意的是，反照率纹理不应包含任何光照。

3. 不透明度

反照率颜色的 Alpha 值控制着材质的不透明度级别，如图 4-1-6 所示。仅当材质的 Rendering Mode（渲染模式）设置为 Opaque 之外的 Transparent 模式之一时，此设置才有效。如上所述，选择正确的不透明度模式非常重要，因为此模式可确定是否会看到处于全值状态的反射和镜面高光，或它们是否也会根据不透明度值淡出。

图 4-1-6　材质的不透明度

从 0.0~0.1 范围内的不透明度值，采用适合于逼真透明对象的 Transparent 模式。

使用为 Albedo 参数指定的纹理时，可通过确保反照率纹理图像具有 Alpha 通道来控制材质的透明度。Alpha 通道值映射到透明度级别，其中白色表示完全不透明，黑色表示完全透明。这将使材质具有透明度不同的区域，如图 4-1-7 所示。

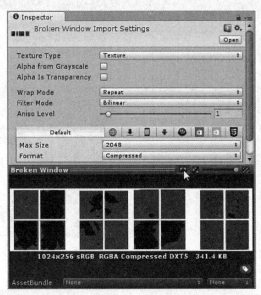

图 4-1-7　Alpha 通道控制材质的透明度

有 RGB 通道和 Alpha 通道的导入纹理，可单击 RGB/A 按钮来切换所预览的图像通道。

最终结果是透过破碎的窗户窥视建筑物内部，如图 4-1-8 所示。玻璃的缺口位置是完全透明的，玻璃碎片是部分透明的，而框架是完全不透明的。

在 Unity 中，纹理是一种用于渲染模型的图像。可以将纹理应用于材质，以使模型看起来更加真实。Unity 支持各种纹理格式，包括 PNG、JPEG、TGA、BMP 等。可以使用 Unity 导入纹理，也可以使用第三方工具来创建和导入纹理。

图 4-1-8 透过破碎的窗户窥视建筑物内部

纹理设置中，有以下常用参数。

- Texture Type：指定纹理的类型，如 2D、Cube 等。
- Mip Maps：指定是否使用 Mip Maps。
- Wrap Mode：指定纹理的重复方式，如 Repeat、Clamp 等。
- Filter Mode：指定纹理的过滤方式，如 Point、Bilinear 等。
- Max Size：指定纹理的最大尺寸，以像素为单位。
- Compression：指定是否对纹理进行压缩。

4. Specular 模式

Specular 参数仅在使用 Specular setup 时可见，如图 4-1-9 所示的 Shader 字段中。镜面反射（Specular）效果本质上是场景中光源的直接反射，通常会在对象表面上显示为明亮的高光和反光（尽管镜面高光也可能是微妙或漫射的）。

图 4-1-9 Specular 参数设置为 Specular setup

Specular setup 和 Metallic setup 都会产生镜面高光，因此选择使用哪个选项更多取决于设置和艺术偏好。在 Specular setup 中，可直接控制镜面高光的亮度和色调；而在 Metallic setup 中，可控制其他参数，镜面高光的强度和颜色作为其他参数设置的自然结果出现，如图 4-1-10 所示。

一组从 0.1~1.0 的镜面反射平滑度值如图 4-1-11 所示。

为了改变材质表面上的 Specular 值。例如，如果纹理包含角色的外套，而外套上有一些闪亮的按钮，希望按钮的镜面反射值高于服装面料的镜面反射值。要实现此目的，应分配纹理贴图，而不使用单个滑动条值。这样可以根据镜面反射贴图的像素颜色更好地控制材质表面上的镜面光反射的强度和颜色。

为 Specular 参数分配纹理后，Specular 参数和 Smoothness 滑动条都将消失。取而代之的是材质的 Specular 级别由纹理本身的 RGB 通道中的值控制，而材质的 Smoothness 级别由同一纹理的 Alpha 通道控制。因此，通过提供单个纹理，即可将区域定义为粗糙或平滑，并具有不同的镜面反射级别和颜色。

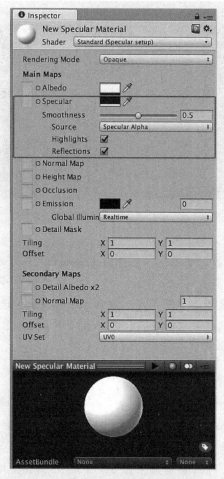

图 4-1-10　镜面高光参数设置

图 4-1-11　镜面反射平滑度值

5. Metallic 模式

与镜面反射（Specular）工作流程相反，在金属性（Metallic）工作流程中工作时，表面的反射率和光响应将由 Metallic 级别和 Smoothness 级别进行修改，Metallic 模式如图 4-1-12 所示。

图 4-1-12　Metallic 模式

Metallic 模式适用于看起来具有金属性的材质。材质的金属性（Metallic）参数决定了表面有多么像"金属"，如图 4-1-13 所示。当表面具有较高的金属性时，它会更大程度反射环境，并且反照率颜色将变得不那么明显。在最高金属性级别下，表面颜色完全来自环境的反射驱动。当表面的金属性较低时，其反照率颜色会更清晰，并且所有表面反射均在表面颜色的基础之上可见，而不是遮挡住表面颜色。

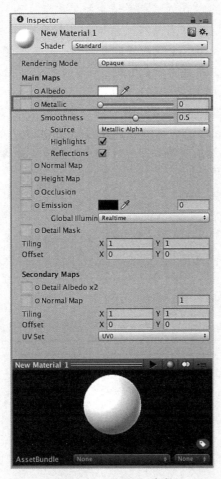

图 4-1-13　Metallic 参数

从 0.0~1.0 范围内的金属性值（所有样本的平滑度均设置为 0.8）如图 4-1-14 所示。

图 4-1-14　金属性值

默认情况下，如果未分配纹理，则 Metallic 和 Smoothness 参数均由滑动条控制。对于某些材质来说，这已足够了。但是，如果模型表面某些区域在反照率纹理中具有混合表面类型，则可以使用纹理贴图来控制金属性和平滑度级别在材质表面上的变化。例如，如果纹理包含角色的服装，其中有一些金属搭扣和拉链，我们希望搭扣和拉链的金属性值高于服装面料的金属性值。为此，我们不使用单个滑动条值，而是可以分配一个纹理贴图，在贴图中为搭扣和拉链区域提供较亮的像素颜色，为布料提供较暗的值。

为 Metallic 参数分配纹理后，Metallic 和 Smoothness 滑动条都将消失。取而代之的是，材质的 Metallic 级别由纹理的红色通道中的值控制，而材质的 Smoothness 级别由纹理的 Alpha 通道控制（这意味着忽略绿色和蓝色通道）。也就是说，使用单个纹理即可将区域定义为粗糙或平滑以及金属性或非金属性；在使用纹理贴图覆盖模型中许多具有不同要求的区域时（单个角色纹理贴图通常包含多种表面要求，例如皮鞋、布料、手和脸的皮肤以及金属搭扣），这将非常有用。

6. 法线贴图（凹凸贴图）和高度贴图

法线贴图（Normal Map）是一种凹凸贴图（Bump Map），如图 4-1-15 所示。它们是一种特殊的纹理，可将表面细节（如凹凸、凹槽和划痕）添加到模型，从而捕捉光线，就像由真实几何体表示一样。

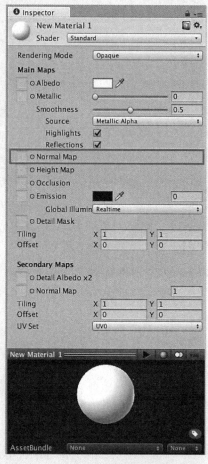

图 4-1-15　法线贴图

例如，希望显示一个表面，在表面上有凹槽和螺钉或铆钉，比如飞机机身。为实现此目的，一种方法是将这些细节建模为几何体，如图 4-1-16 所示。

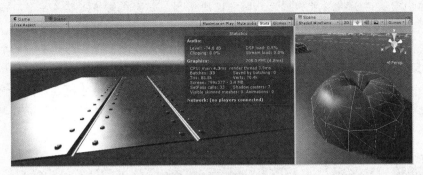

图 4-1-16　建模示例

　　高度贴图（也称为视差贴图）是与法线贴图类似的概念，但是这种技术更复杂，因此性能成本也更高，如图 4-1-17 所示。高度贴图往往与法线贴图结合使用，通常情况下，当纹理贴图负责渲染表面的大型凸起时，高度贴图用于为表面提供额外的定义。

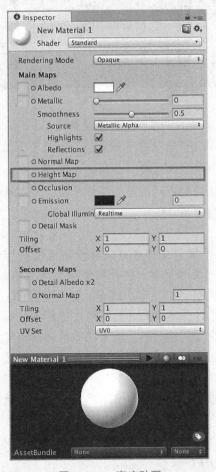

图 4-1-17　高度贴图

虽然法线贴图可修改纹理表面上的光照，但高度贴图可进一步并实际上移动可见表面纹理的区域，从而实现一种表面级遮挡效果。这意味着，对于明显的凸起，它们的近侧（面向摄影机）将膨胀和扩大，而它们的远侧（背离摄影机）将减小并且看起来被遮挡。

这种效果尽管可以产生非常令人信服的 3D 几何体表示，但仍然受限于对象网格的平面多边形的表面。也就是说，虽然表面凸起看起来会突出和相互遮挡，但模型的"轮廓"绝不会被修改，因为最终效果将绘制到模型的表面上，不会修改实际的几何体。

高度贴图应为灰度图像，其中白色表示纹理的高区域，黑色表示低区域。典型的反照率贴图和要匹配的高度贴图，如图 4-18 所示。

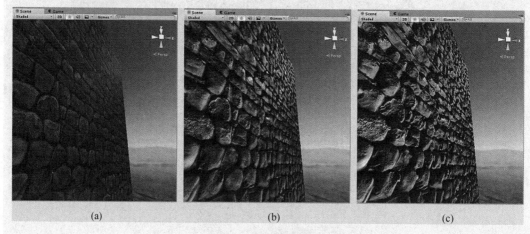

图 4-1-18　高度贴图

图 4-1-18 从左到右为：（a）图分配了反照率贴图，但未分配法线贴图和高度贴图的岩石墙壁材质；（b）图分配了法线贴图，虽然表面上的光照经过修改，但岩石不会相互遮挡；（c）图分配了法线贴图和高度贴图的最终效果，岩石看起来从表面突出，较近的岩石似乎遮挡了它们后面的岩石。

7. 遮挡贴图

遮挡贴图用于提供关于模型哪些区域应接受高或低间接光照的信息，如图 4-1-19 所示。间接光照来自环境光照和反射，因此模型的深度凹陷部分（如裂缝或折叠位置）实际上不会接收到太多的间接光照。遮挡纹理贴图通常由 3D 应用程序使用建模器或第三方软件直接从 3D 模型进行计算。遮挡贴图是灰度图像，其中白色表示应接受完全间接光照的区域，黑色表示没有间接光照。对于简单的表面而言，这就像灰度高度贴图一样简单。在其他情况下，生成正确的遮挡纹理稍微复杂一些。例如，如果场景中的角色穿着罩袍，则罩袍的内边缘应设置为非常低的间接光照，或者完全没有光照。在这些情况下，遮挡贴图通常由美术师制作，使用 3D 应用程序基于模型自动生成遮挡贴图，如图 4-1-20 所示。

此遮挡贴图指明了角色袖子上暴露或隐藏在环境光照下的区域。应用遮挡贴图之前和之后的比较，如图 4-1-21 所示。

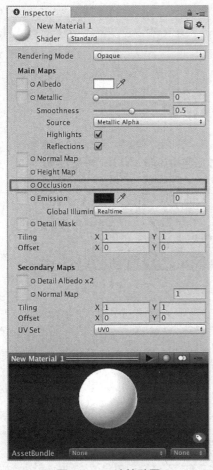

图 4-1-19　遮挡贴图

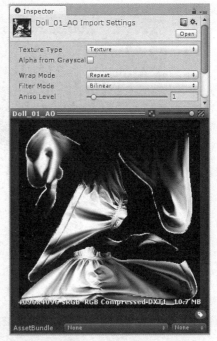

图 4-1-20　自动生成遮挡贴图

(a)

(b)

图 4-1-21　遮挡贴图比较

　　在图 4-1-21（a）中，部分遮挡区域（尤其是颈部周围的织物褶皱）的光照亮度太高。在图 4-1-21（b）中，在分配环境光遮挡贴图后，这些区域不再被周围树木繁茂的绿色环境光所照亮。

8. 自发光贴图（Emission）

向材质添加发光贴图，可使材质在场景中显示为可见光源。材质发光属性用于控制材质表面发光的颜色和强度。

如果游戏对象的某个部位看起来从内部照亮（如显示器的屏幕、高速制动的汽车盘式制动器、控制面板上的发光按钮），自发光贴图很有用。使用发光材质的游戏对象，即使在场景的暗区也会保持明亮，如图 4-1-22 所示。

图 4-1-22　发光材质

使用发光材质的红色、绿色和蓝色球体，即使处于黑暗场景中，这些球体似乎也是从内部光源照亮的。

可使用单个颜色和发光级别来定义基本发光材质。勾选 Emission 复选框可使材质发光。此时将显示 Color 和 Global Illumination 属性，如图 4-1-23 所示。

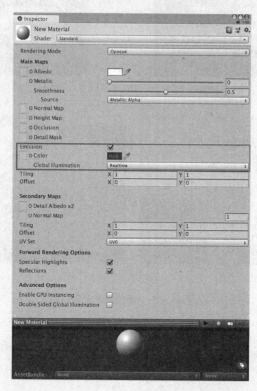

图 4-1-23　Emission 定义发光材质

- Color：指定发光的颜色和强度。单击 Color 框可打开 HDR 拾色器。在此处可以更改光照的颜色和发光的强度（Intensity）。要指定材质的哪些区域发光，可以向该属性分配一个发光贴图。执行此操作后，Unity 会使用贴图的全色值来控制发光的颜色和亮度。还可以使用 HDR 拾色器对贴图着色和改变发光强度。
- Global Illumination：指定此材质发出的光如何影响附近其他游戏对象的环境光照。有三个选项。
  - Realtime：Unity 将此材质的自发光添加到场景的 Realtime Global Illumination（实时全局光照）计算中。这意味着自发光会影响附近游戏对象（包括正在移动的游戏对象）的光照。
  - Baked：Unity 将此材质的自发光烘焙到场景的静态全局光照中。此材质会影响附近静态游戏对象的光照，但不会影响动态游戏对象的光照。但是，光照探针仍然会影响动态游戏对象的光照。
  - None：此材质的自发光不会影响场景中的实时光照贴图、烘焙光照贴图或光照探针。此自发光不会照亮或影响其他游戏对象。材质本身具有发光颜色。

发光贴图示例如图 4-1-24 所示。

图 4-1-24　发光贴图示例

知识点4　标准着色器

标准着色器是 Unity 中默认的着色器之一，它可以用于创建大多数游戏场景中的材质。标准着色器支持漫反射、高光反射、环境光遮蔽、不透明度和反射等效果。通过在材质属性面板中设置各种参数来自定义标准着色器。

在标准着色器的属性面板中，有以下参数。

- Albedo：指定材质的基础颜色。
- Metallic：指定材质的金属度，取值范围为 0.0~1.0。
- Smoothness：指定材质的平滑度，取值范围为 0.0~1.0。

- Normal Map：指定法线贴图，用于模拟凹凸效果。
- Height Map：指定高度贴图，用于模拟物体表面的凹凸效果。
- Occlusion：指定环境光遮挡贴图，用于模拟物体表面的阴影。
- Emission：指定材质的自发光颜色。
- Metallic Specular：指定金属度对应的高光反射颜色。

知识点5 PBR 渲染工作管线

PBR 渲染工作管线是一种现代的渲染技术，它模拟了现实世界中光线的行为，并且可以让游戏场景看起来更加真实。PBR 渲染工作管线分为几何着色器和光照着色器两个阶段。几何着色器负责处理物体的形状和位置，而光照着色器负责计算光照效果。PBR 渲染工作管线使用物理参数来描述材质，包括金属度、粗糙度、环境光遮挡等。

在 PBR 渲染工作管线中，有以下参数。
- Albedo：指定材质的基础颜色。
- Metallic：指定材质的金属度，取值范围为 0.0~1.0。
- Smoothness：指定材质的平滑度，取值范围为 0.0~1.0。
- Normal Map：指定法线贴图，用于模拟凹凸效果。
- Height Map：指定高度贴图，用于模拟物体表面的凹凸效果。
- Occlusion：指定环境光遮挡贴图，用于模拟物体表面的阴影。
- Emission：指定材质的自发光颜色。
- Ambient Occlusion：指定环境光遮挡的强度。
- Reflections：指定反射的类型，如 SSR、Cubemap 等。
- Refraction：指定折射的类型，如水、玻璃等。
- Subsurface Scattering：指定次表面散射的强度和颜色。

知识点6 PBR 着色系统

PBR 着色系统是一种用于创建 PBR 材质的工具，它提供了一些内置的 PBR 材质，并且可以让用户创建自定义 PBR 材质。PBR 着色系统使用物理参数来描述材质，如金属度、粗糙度、环境光遮挡等，并且可以通过调整这些参数来控制材质的外观。PBR 着色系统还支持各种纹理映射。

客厅材质
设置 .mp4

任务实施

步骤 1   新建项目并导入客厅资源

新建 LivingRoom 项目，导入 LivingRoom01.unitypackage 资源包，资源区找到并选择场景 2301before，按 Ctrl+D 组合键复制一份，命名为 2301，如图 4-1-25 所示。

图 4-1-25 新建项目并导入资源

步骤 2 设置地板材质

场景中选中地板对象，在资源目录里找到地板贴图，拖入地板材质球的 Albedo，并设置平铺，如图 4-1-26 所示。

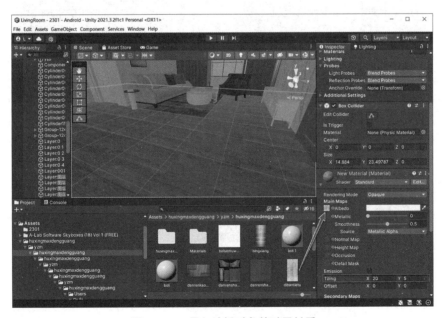

图 4-1-26 导入地板对象并赋予材质

使用 Photoshop 软件，对地板贴图用"曲线"进行修改，让木地板纹理部分为黑色或灰色，其余部分为白色，如图 4-1-27 所示。

然后用 Photoshop 橡皮擦工具配合不透明度进行黑白地板图片的减淡操作，最后让纹理呈现浅灰色，如图 4-1-28 所示。

资源区的地板材质属性修改为 Normal Map，其他参数设置如图 4-1-29 所示。

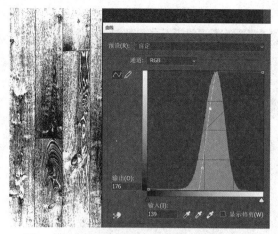
图 4-1-27　使用 Photoshop 曲线工具修改材质

图 4-1-28　使用 Photoshop 橡皮擦工具修改材质

图 4-1-29　修改图片属性为 Normal Map

　　将制作好的法线贴图拖入地板材质的 Normal Map 位置，并设置参数如图 4-1-30 所示，观察地板纹理的凹凸情况，不断调整黑白地板的纹理灰度，以便得到更为理想的地板凹凸纹理。为了观察纹理方便，可以临时为场景添加一个 Directional Light 光源。

　　步骤 3　设置客厅金属家具材质

　　客厅装修风格为"轻奢风格"，其家具里的金属为略带磨砂质感的金色。选中场景中圆形茶几的金属部分，修改其材质属性如图 4-1-31 所示。

　　步骤 4　修改烤漆家具材质

　　选中场景中的烤漆家具，如茶几、电视柜白色部分，为其添加材质，并修改材质参数，

图 4-1-30　地板法线贴图参数设置

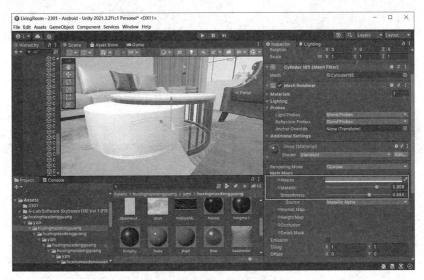

图 4-1-31　金属材质属性设置

如图 4-1-32 所示。由于房间里的灯光还没有进行设置，可以通过观察材质球调节光滑度等，设置完灯光后，再进一步调节到满意为止。

图 4-1-32　烤漆材质设置

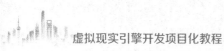

步骤 5　修改房间内的玻璃材质

选中场景中冰箱边上的厨房门上的玻璃，设置其材质属性 Rendering Mode 为 Transparent，并修改 Albedo 颜色里的 Alpha 值，如图 4-1-33 所示。同样的方式修改客厅窗户上的玻璃材质。

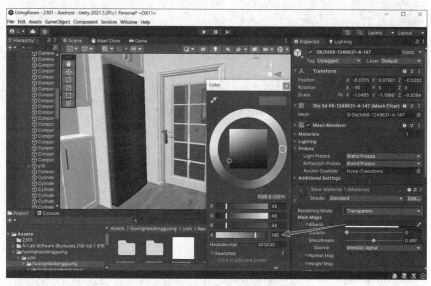

图 4-1-33　玻璃材质设置

选中客厅主灯玻璃柱，为其设置玻璃半透明材质，并勾选自发光 Emission 复选框，如图 4-1-34 所示。为观察自发光物体效果，可以暂时让场景里的其他灯光不可用。

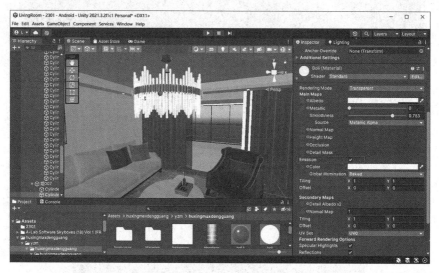

图 4-1-34　主灯玻璃柱设置

选中客厅餐桌墙壁上的装饰镜，为其设置镜子材质，对于完全反光的镜子，设置参数如图 4-1-35 所示。

可以在灯光设置后进行其他材质的修改，直到对效果满意为止。

图 4-1-35　镜子材质设置

 拓展实训

1. 实训目的

进一步细化客厅家居和窗帘材质细节，巩固材质的设置。

2. 实训内容

（1）设置沙发边几为茶色玻璃材质，主要进行透明度调节，如图 4-1-36 所示。

（2）利用 Photoshop 将准备好的窗帘图片进行"去色"，并调整"亮度 / 对比度"，如图 4-1-37 所示。

图 4-1-36　沙发边几材质设置

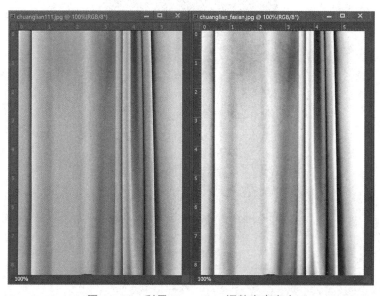

图 4-1-37　利用 Photoshop 调整窗帘亮度

（3）将上面两张图导入 Unity 资源区，选中黑白颜色的窗帘图，按 Ctrl+D 组合键复制一份，设置为法线贴图，如图 4-1-38 所示。

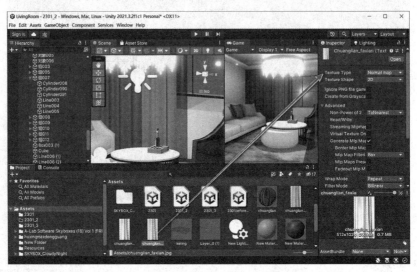

图 4-1-38　导入并设置窗帘为法线贴图

（4）新建材质球并设置参数，如图 4-1-39 所示，观察橘红色窗帘的材质前后变化。

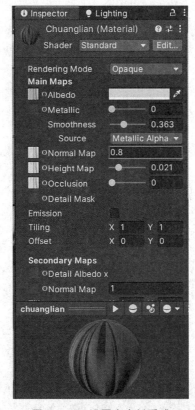

图 4-1-39　设置窗帘材质球

任务 4.2　客厅灯光设置及烘焙

素养目标

（1）培养学生团队合作精神。
（2）培养学生较强的责任感和认真学习工作的态度。

技能目标

（1）掌握 Unity 光照工作方式和不同光源类型的使用方法。
（2）掌握发光材质的使用方法。
（3）掌握光照探针和反射探针的使用方法。

建议学时

6 学时。

■ 任务要求

对客厅模型场景进行材质设置。

知识储备

知识点1　光照工作方式

Unity 中光照的工作方式类似于光在现实世界中的情况。Unity 使用详细的光线工作模型来获得更逼真的效果，并使用简化模型来获得更具风格化的效果。

1. 直射光和间接光

直射光是发出后照射到表面一次再被直接反射到传感器（如眼睛的视网膜或摄影机）中的光。间接光是最终反射到传感器中的所有其他光，包括多次照射到表面的光线和天光。为了获得逼真的光照效果，需要模拟直射光和间接光。

Unity 可以计算直接光照和间接光照。Unity 使用什么光照技术取决于项目的配置方式。

2. 实时光照和烘焙光照

实时光照是指 Unity 在运行时计算的光照。烘焙光照是指 Unity 提前执行光照计算并将结果保存为光照数据，然后在运行时应用。在 Unity 中，项目可以使用实时光照、

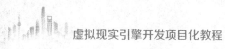

烘焙光照或两者的混合（称为混合光照）。

3. 全局光照

全局光照是对直接光照和间接光照进行建模，以提供逼真光照效果的一组技术。全局光照系统包括光照贴图、光照探针和反射探针。

知识点2　光源类型

可以使用 Type 属性来选择光源的行为。

1. 点光源 (Point Light)

点光源位于场景中的一个点，并在所有方向上均匀发光。点光源可用于模拟场景中的灯光和其他局部光源。还可以用点光源逼真地模拟火花或爆炸照亮周围环境，如图 4-2-1 所示。

2. 聚光灯 (Spot Light)

聚光灯光源位于场景中的一个点，并以锥体形状发光。像点光源一样，聚光灯具有指定的位置和光线衰减范围，如图 4-2-2 所示。不同的是聚光灯有一个角度约束，形成锥形的光照区域。锥体的中心指向光源对象的发光方向。聚光灯锥体边缘的光线也会减弱。加宽该角度，会增加锥体的宽度，并随之增加这种淡化的大小，称为"半影"。

图 4-2-1　点光源

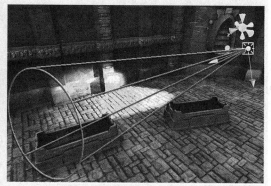
图 4-2-2　聚光灯

3. 方向光 (Directional Light)

方向光光源位于无限远的位置，仅在一个方向上发光，如图 4-2-3 所示。方向光对于在场景中创建诸如阳光的效果非常有用。方向光在许多方面的表现很像太阳光，可视为存在于无限远处的光源。方向光没有任何可识别的光源位置，因此光源对象可以放置在场景中的任何位置。场景中的所有对象都被照亮，就像光线始终来自同一方向一样。光源与目标对象的距离是未定义的，因此光线不会减弱。

4. 面光源 (Area Light)

面光源由场景中的矩形定义，并沿表面区域均匀地向所有方向发光，但仅从矩形所在的面发射。无法手动控制面光源的范围，但是当远离光源时，强度将按照距离的二次方呈反比衰减，如图 4-2-4 所示。由于光照计算对处理器性能消耗较大，因此面光源不可实时处理，只能烘焙到光照贴图中。

图 4-2-3　方向光

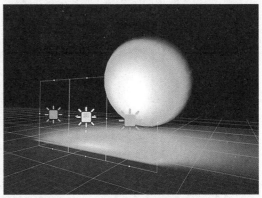

图 4-2-4　面光源

知识点3　发光材质

与面光源一样，发光材质在其表面区域发光。它们有助于在场景中反射光线，并且在游戏过程中可以更改颜色和强度等相关属性。虽然实时全局光照不支持面光源，但使用发光材质仍可实现类似的实时柔和光照效果，如图 4-2-5 所示。

发光材质
.mp4

图 4-2-5　发光材质

Emission 是标准着色器的属性，它允许场景中的静态对象发光。默认情况下，Emission 的值设置为零。这意味着使用标准着色器指定材质的对象不会发光。

发光材质没有范围值，但发出的光同样将以方差速率衰减。只有 Inspector 中标记为 Static 或 Lightmap Static 的对象才会接受发光材质的光。同样，应用于非静态或动态几何体（如角色）的发光材质将不会影响场景光照。

然而，即使发光量高于零的材质对场景光照没有影响，它们也会在屏幕上发光。通过从标准着色器的 Global Illumination Inspector 属性中选择 None，也可以获得这种效果。像这样的自发光材质可用于产生诸如氖灯或其他可见光源之类的效果。

发光材质仅直接影响场景中的静态几何体。如果需要动态或非静态几何体（如角色）接受发光材质发出的光，则必须使用光照探针。

知识点4　光照探针和反射探针

1. 光照探针

通过光照探针可以捕获并使用穿过场景空白空间的光线的相关信息。

与光照贴图类似，光照探针存储了有关场景中的光照的"烘焙"信息。不同之处在于，光照贴图存储的是有关光线照射到场景中的表面的光照信息，而光照探针存储的是有关光线穿过场景中的空白空间的信息。

光照探针是在烘焙期间测量（探测）光照的场景位置。在运行时，系统将使用距离动态游戏对象最近的探针的值来估算照射到这些对象的间接光。

2. 反射探针

传统上，游戏使用一种称为反射贴图的技术来模拟来自对象的反射，同时将处理开销保持在可接受的水平。此技术假定场景中的所有反射对象都可以"看到"（因此会反射）完全相同的周围环境。如果游戏的主角（比如闪亮的汽车）处于开放空间中，此技术将非常有效，但是当角色进入不同的周围环境时，便看起来不真实，如果一辆汽车驶入隧道，但天空仍然在窗户上产生明显反射，那看起来就很奇怪。

Unity 通过使用反射探针改进了基本反射贴图，这种探针可在场景中的关键点对视觉环境进行采样。通常情况下，应将这些探针放置在反射对象外观发生明显变化的每个点上（例如隧道、建筑物附近区域和地面颜色变化的地方）。当反射对象靠近探针时，探针采样的反射可用于对象的反射贴图。此外，当几个探针位于彼此附近时，Unity 可在它们之间进行插值，从而实现反射的逐渐变化。因此，使用反射探针可以产生非常逼真的反射，同时将处理开销控制在可接受的水平。

客厅灯光设置及烘焙
.mp4

任务实施

下面对客厅场景进行夜晚灯光设置。

步骤 1　修改环境光为黑夜并添加客厅主灯光源

复制任务一的场景，并命名为 2301_2，打开场景，并删除场景里的 Directional Light。选择 Window → Rendering → Lighting 菜单命令，打开灯光设置面板，如图 4-2-6 所示，修改天空盒参数，并为客厅主灯添加一个点光源 Point Light。同样，为餐厅灯添加点光源。

打开点光源的阴影设置，如图 4-2-7 所示。

可以看到，主灯的每个玻璃柱都在天花板上产生阴影，但作为主灯，现实中发光的是这些玻璃灯条，因此不会产生阴影，所以需要进行阴影剔除。可以新建一个 Ignore Shadow 层，把不需要产生阴影的放置在这个层，如图 4-2-8 所示。

图 4-2-6　打开灯光设置面板

图 4-2-7　点光源的阴影设置

图 4-2-8　阴影剔除设置

　　然后选中点光源，Culling Mask 下拉菜单中取消勾选 Ignore Shadow 层，如图 4-2-9 所示。

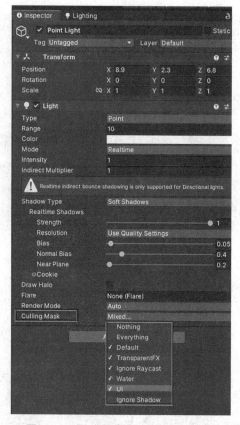

图 4-2-9　取消勾选 Ignore Shadow 层

步骤 2　为客厅设置氛围灯

首先为客厅设置墙壁射灯，在挂画位置添加一个 Spot Light，并设置参数如图 4-2-10 所示。其他射灯可以按照这个方法一并添加。

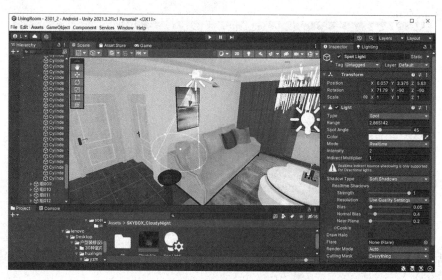

图 4-2-10　射灯设置

为吊顶添加面光源 Area Light，修改其长宽比例，并旋转朝向天花板投射，如图 4-2-11 所示。

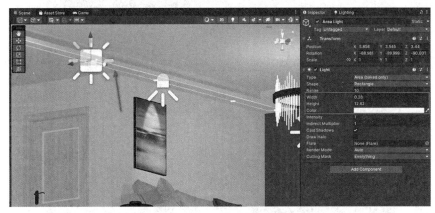

图 4-2-11 添加并设置面光源

由于面光源必须烘焙才能可见，因此，需要修改整个客厅模型为 Static 后，在 Light 面板单击 Generate 进行烘焙，如图 4-2-12 所示，烘焙完成后，可以看到吊顶上的灯带光投射到天花板上。烘焙时间往往比较久，因此建议把所有面光源、自发光物体和反射探头都设置完成后进行。

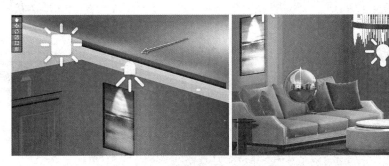

图 4-2-12 烘焙

 拓展实训

1. 实训目的

进一步巩固灯光的使用和设置。

2. 实训内容

任务实施中的客厅灯光是夜晚室内灯光的一般设置方法，下面对客厅进行白天灯光设置，可以参考如下步骤。

（1）删掉或隐藏室内主光源 Point Light，修改客厅主灯自发光材质参数，如图 4-2-13 所示。

（2）添加 Directional Light 并设置 Intensity 强度值为 2。在场景里调节光照角度，开启 Shadow Type 为 Soft Shadows，如图 4-2-14 所示。

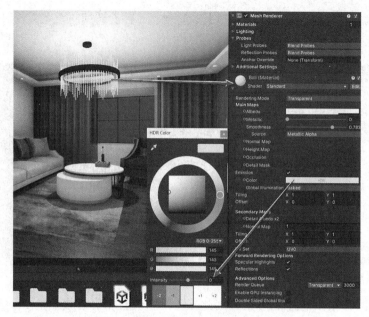

图 4-2-13　修改客厅主灯材质

图 4-2-14　添加并设置方向光

（3）选择客厅窗户的玻璃，并设置自发光材质，如图 4-2-15 所示。

图 4-2-15　设置客厅窗户材质

（4）为客厅添加 Reflection Probe，并设置其影响范围和强度，如图 4-2-16 所示。

图 4-2-16　添加并设置 Reflection Probe

任务 4.3　后 期 处 理

素养目标

（1）提升学生感受美、表现美、鉴赏美和创造美的能力，提升学生的审美和人文素养。
（2）提升学生的自我意识和主动精神。
（3）提升学生精益求精的工匠精神。

技能目标

（1）了解后期处理的作用。
（2）掌握后期处理的工具以及抗锯齿、环境光遮挡、泛光、色差、颜色分级等后期处理方法。

建议学时

4 学时。

 **任务要求**

对客厅整体效果进行摄影机后期处理。

知识点1　后期处理的作用

　　在屏幕上显示图像之前，后期处理将全屏滤镜和效果应用于摄影机的图像缓冲区。此技术可以通过很短的设置时间大幅改善应用程序的视觉效果。后期处理效果可用于模拟物理摄影机和胶片属性。

　　图 4-3-1 和图 4-3-2 展示了未应用和应用后期处理的场景。

图 4-3-1　未应用后期处理的场景

图 4-3-2　应用后期处理的场景

知识点2　后期处理的效果

1. 抗锯齿 (Anti-aliasing)

　　抗锯齿效果使图形更加平滑。锯齿是线条出现锯齿状或"楼梯"外观的效果，如图 4-3-3 左侧所示。如果图形输出设备没有足够高的分辨率来显示直线，则会发生这种情况。抗锯齿用中间色调将这些锯齿状线条包围起来，从而可以降低锯齿明显程度。虽然这种做法减轻了线条的锯齿状外观，但也会使它们变得更模糊，如图 4-3-3 右侧所示。

图 4-3-3　抗锯齿对比

后期处理（Post Processing）包中提供的算法包括如下。

快速近似抗锯齿算法（fast approximate anti-aliasing algorithm, FXAA）：一种适用于移动端以及不支持运动矢量平台的快速算法。

亚像素形态抗锯齿算法（subpixel morphological anti-aliasing algorithm, SMAA）：一种适用于移动端以及不支持运动矢量平台的高质量慢速算法。

时间抗锯齿算法（temporal anti-aliasing algorithm, TAA）：一种需要运动矢量的先进技术，适用于桌面平台和游戏主机平台。

2. 环境光遮挡 (Ambient Occlusion)

环境光遮挡后期处理效果可以使挨着折痕线、小孔、相交线和平行表面的地方变暗。在现实世界中，这些区域往往会阻挡或遮挡周围的光线，因此它们会显得更暗。Unity 将环境光实时遮挡作为全屏幕后期处理效果。

环境光遮挡效果非常耗时，因此更适合在桌面平台或游戏主机硬件上使用，如图 4-3-4 所示。此效果对处理时间的影响取决于屏幕分辨率和效果属性。没有环境光遮挡的场景，注意几何交叉点的差异，如图 4-3-5 所示。

图 4-3-4　具有环境光遮挡的场景

图 4-3-5　没有环境光遮挡的场景

图 4-3-6　镜头脏污效果

3. 泛光 (Bloom)

泛光效果会产生从图像明亮区域边界向外延伸的光线条纹，给人的感觉是极其明亮的光线压制住了摄影机。

还可以使用镜头脏污（Lens Dirt）应用全屏污迹或灰尘层来衍射泛光效果，如图 4-3-6 所示。此效果最常用于第一人称射击游戏。

4. 色差 (Chromatic Aberration)

色差效果可以模仿真实摄影机在镜头无法将所有颜色融合到同一点时产生的效果。产生的效果沿着图像明暗分隔边界出现"条纹"。

色差效果的常见用途包括表现艺术效果，如摄影机碰撞或中毒效果。Unity 支持红 / 蓝和绿 / 紫边纹，并允许使用输入纹理来定义边纹颜色。没有色差的场景如图 4-3-7 所示，具有色差的场景如图 4-3-8 所示。

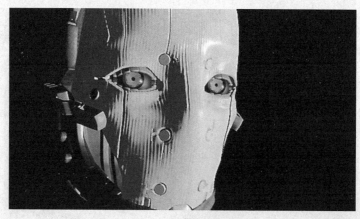

图 4-3-7　没有色差的场景

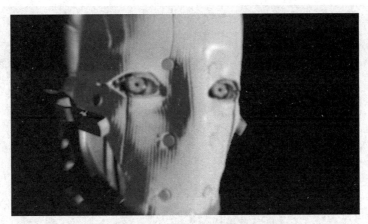

图 4-3-8　具有色差的场景

5. 颜色分级 (Color Grading)

颜色分级效果可以改变或校正 Unity 产生的最终图像的颜色和亮度，如图 4-3-9 所示。此效果类似于在 Instagram 等软件中应用滤镜。

颜色分级效果具有以下三种模式。

- 低清晰度范围（Low Definition Range）：适用于低端平台。
- 高清晰度范围（High Definition Range）：适用于支持 HDR 渲染的平台。
- 外部（External）：允许提供在外部软件中编写自定义 3D 查找纹理。

图 4-3-9　颜色分级效果

6. 延迟雾效 (Deferred Fog)

雾效根据对象与摄影机的距离将颜色叠加到对象上。这种效果模拟室外环境中的雾或雾气，还可用于在摄影机的远裁剪面向前移动时隐藏对象的剪裁以提高性能。雾效根据摄影机的深度纹理产生屏幕空间雾。应用雾效后的场景如图 4-3-10 所示。

图 4-3-10　应用雾效后的场景

7. 景深 (Depth of Field)

景深是一种可模拟摄影机镜头的对焦属性的后期处理效果。在现实世界中,摄影机只能在特定距离的对象上清晰聚焦;距离摄影机更近或更远的对象会略微失焦。模糊可以提供关于物体距离的视觉提示,并产生令人喜欢的视觉效果,在摄影行业称为散景(Bokeh)。应用景深后的场景如图 4-3-11 所示。

图 4-3-11　应用景深后的场景

8. 曝光 (Auto Exposure)

自动曝光模仿人眼在不同黑暗程度下的调整方式。自动曝光效果根据图像包含的亮度级别范围来动态调整图像的曝光。这种调整会逐渐进行,因此可以模仿如下效果:在黑暗的隧道中出来时,明亮的室外光线带来炫目感;或从更亮的场景移出时,调整到更低的光亮水平。

9. 颗粒 (Grain)

颗粒效果模拟了真实摄影机产生的效果,即摄影机胶片中的小颗粒给图像带来未经处理的粗糙效果。Unity 中提供的颗粒效果基于相干梯度噪点,此效果的常见用途包括模仿电影的明显缺陷,常用于恐怖主题的游戏。

10. 运动模糊 (Motion Blur)

运动模糊效果可以在游戏对象移动比摄影机的曝光时间快时使图像模糊。快速移动或较长的曝光时间会产生这种效果。赛车游戏等题材通常会夸大运动模糊效果，从而增强速度感。

11. 屏幕空间反射 (Screen Space Reflections)

屏幕空间反射可以产生微妙的反射效果，模拟潮湿的地板表面或水坑。这种技术产生的反射质量低于使用反射探针或平面反射（后者可以产生完美平滑的反射）。屏幕空间反射是用于限制镜面反射光泄漏量的理想效果。

屏幕空间反射效果更注重性能而非质量，因此是在最新款游戏主机和 PC 上运行的项目的理想选择。此效果不适合移动端开发。

12. 渐晕 (Vignette)

渐晕效果使图像的边缘变暗，使图像的中心更亮。在现实世界的摄影技术中，此效果通常由厚的或堆叠的滤镜、二次镜头和不正确的镜头遮光罩引起。用于表现艺术效果，例如将焦点绘制到图像的中心。未应用渐晕的场景如图 4-3-12 所示，应用渐晕后的场景如图 4-3-13 所示。

图 4-3-12　未应用渐晕的场景

图 4-3-13　应用渐晕后的场景

 任务实施

后期处理
.mp4

步骤 1　安装部署后期处理组件

首先在 Package Manager 中搜索 Post Processing，并安装，如图 4-3-14 所示。

图 4-3-14　安装部署组件

　　给摄影机添加 Post-process Layer 组件，并新建一个 Layer，命名为 Post Processing，把摄影机设置为该层，并设置 Post-process Layer 参数如图 4-3-15 所示。

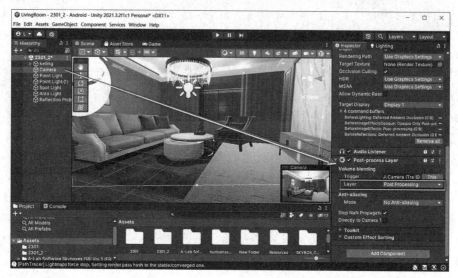

图 4-3-15　Post-process Layer 参数设置

　　资源区新建一个 Post-processing Profile，给摄影机增加一个组件 Post-process Volume，并将资源区建立的 Post-processing Profile 拖入指定位置，如图 4-3-16 所示。

图 4-3-16　Post-processing Profile 设置

步骤 2　设置后期处理效果参数

　　单击 Add effect 按钮，添加知识点 2 提到的若干后期处理效果。添加环境光遮挡（Ambient Occlusion）和泛光（Bloom）的效果如图 4-3-17 所示。可以看出房间里的阴影暗部更加有层次，客厅主灯玻璃柱自发光效果更加明显。

图 4-3-17　添加环境光遮挡和泛光效果

 拓展实训

1. 实训目的

在任务 4.2 拓展训练的基础上，进一步调整后处理效果，加深对色差、颜色分级、景深等后期处理效果的感性认识。

2. 实训内容

通过后期处理特效的增加及调节，使白天客厅产生夕阳余晖撒到客厅的效果。参数调节如图 4-3-18 和图 4-3-19 所示。

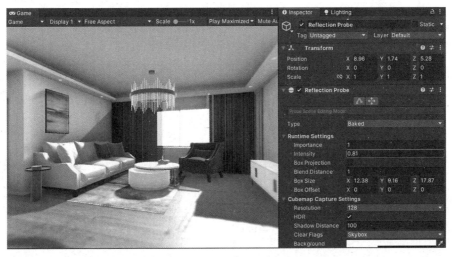

图 4-3-18　后期处理效果

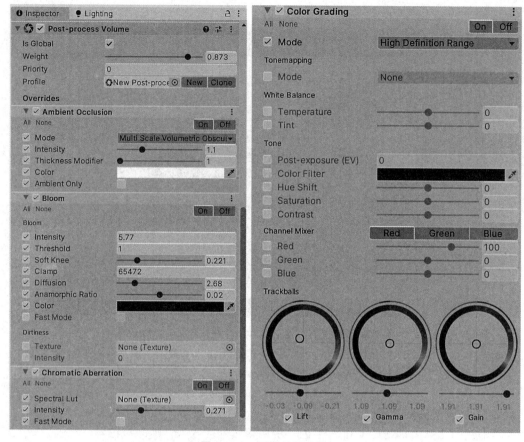

图 4-3-19　后期处理设置

团队实战与验收

项目 4 工
单 .pdf

项目工单

单号	VR-ktzxvrsj		团队名称		项目负责人	
编号	任务名称		基 本 要 求	拓展与反思	工期要求	责任人
1	客厅材质设置		1.1　新建项目并导入客厅场景模型 1.2　设置地板、背景墙材质 1.3　设置家居模型材质	1.4　设置客厅中玻璃材质和窗帘材质，进一步细化客厅模型材质		例： 1.1　王某 1.2　李某
2	客厅灯光设置		2.1　修改环境光为黑夜并添加客厅主灯光源 2.2　设置客厅氛围灯光	2.3　设置客厅白天灯光		

续表

编号	任务名称	基 本 要 求		拓展与反思		工期要求	责任人
3	客厅摄影机后期处理设置	3.1	安装部署后期处理组件	3.3	设置色差、颜色分级、景深等后期处理效果		
		3.2	环境光遮挡和泛光的效果				
备注	完成情况： 项目创新： 问题描述： 其他：						

项目评价

项目 4 评价 .pdf

单号	VR-xywsjg		团队名称			
任务编号	完成情况自述		分　值	评 价 主 题		
				学生自评	小组互评	教师评价
1.1			5			
1.2			5			
1.3			5			
1.4			5			
2.1			20			
2.2			20			
2.3			10			
3.1			10			
3.2			10			
3.3			10			
总分			100			

参 考 文 献

[1] 李智艺，李楠 .Unity 3D VR/AR 程序开发设计 [M]. 北京：北京理工大学出版社，2020.

[2] 彭平，胡垂立 .Unity 3D 游戏开发案例教程 [M]. 北京：中国铁道出版社，2022.

[3] 汪萍，陈娟，范国峰 . 基于案例的虚拟现实开发教程 [M]. 北京：中国铁道出版社，2022.

[4] 张震，陈金萍，李秋，等 .C#.NET 程序设计项目化教程 [M]. 北京：清华大学出版社，2018.